環境にやさしい
国づくりとは?

―日本 そして ドイツ

共著 K.H.フォイヤヘアト
中野加都子

技報堂出版

——はじめに

筆者らは、月刊誌『生活と環境』「（財）日本環境衛生センター」において、平成１４年度以来、計９０回以上にわたり、日本とドイツの先進的な対策事例やその考え方、環境条件の違い、自然観や社会的な背景の違いなどについて連載を続けてきました。

日本とドイツには、長期にわたって独自の文化を育み、敗戦後には急激な経済成長を遂げ、その後、環境問題に先進的に取り組んでいるという共通の経緯があります。また、国民の勤勉性も両国の大きな共通点と考えられています。こういった共通点をもとに、日本人とドイツ人の共著という形態をとることによって、むしろ、両国において根底となる考え方や条件の違いに焦点を当て、より環境と共存していくうえで普遍的なことを探ろうと努力してきました。

筆者らの連載は他誌のものも含めると、結果的におよそ１０年に及ぶものとなりました。この間には多くの客観的な意見に触れるチャンスにも恵まれました。そうした機会を通じて、筆者らは社会の一般的な認識とは違う「ある共通の関心」に気づくようになりました。

例えば、最近の連載では、グリーン・ニューディール政策のような、新しい環境対策や技術開発よりもむしろ、ドイツのマイスター制度について紹介した時の方がより多くの感想、強い関心が寄せられました。このことは、ドイツ人であるフォイヤヘアトにとっても予想外のことでした。

ドイツのマイスター制度の経緯――産業革命以来、イギリスで量産され始めた工業製品に対して、心をこめた手工業の伝統によって Made in Germany を高級品の代名詞にしてしまったドイツのものづくりに対する姿勢、そして、敗戦後にいったん途切れてしまったマイスター制度を復活させたというドイツの歴史―、こうしたことへの強い関心は、従来のように単に外国の制度を美化し、モデル化してしまう習慣とは異質なものと考えられます。

実際に、マイスター制度はドイツでも試練の時期を迎えています。そして、制度そのものはむしろ封建的とも言えるもので、手工業も決してグローバルな資本主義経済になじむものではありません。しかし、よいものをつくって長く使い続ける―これは日本にも伝統的に引き継がれてきた習慣であり、それを支えてきたものに関心が寄せられるのは、当然のことだったとも言えるのです。「ある共通の関心」とは、何か着実なこと、長い伝統の中で裏づけられてきたことを生かしたいという要求に関するものです。

今後、必要と考えられている「低炭素社会」、「循環型社会」、「自然共生社会」を実現するヒントは、新しい考え方、技術とともに、案外、こうした歴史的な経験の中に隠されているのではないか、そして、伝統的な価値観と新しいものを組み合わせて、将来に結びつけることが求められているのではないか、筆者らはそう考えるようになったのです。

本書では、**第1章**でまず、グリーン・ニューディール政策や、エコカー購入補助制度、スマートグリッド構築への動きなど、トピックスとも言える最新の環境への取り組みについて紹介しています。この中では、北アフリカで太陽熱によって発電、欧州に送電する最新の計画についても紹介し、それによって期待されることだけでなく、先進国と途上国間で起こっている問題点などについても言及しています。**第2章**では、新しい社会に転換していくために取り組まれているドイツの先進事例について述べています。特に、ごみの埋立地の完全廃止に向かうドイツの計画を詳しく紹介しています。

第3章では、ものづくりの分野で起こっている日本の問題と、ドイツのマイスター制度について紹介し、戦後のものづくりの問題点、今後、立ち向かうべき方向性について述べています。この章を設けることによって、環境にやさしい国を再建していくにあたって、ものづくりに潜在的に要求されている課題を具体化しています。

第4章では、経済活動がグローバルな規模で行われる中、「生物多様性」という用語が日本人にとってなじみにくいことを例に、人間中心主義が根底にある欧米の考え方と、自然中心主義の日本の考え方の違いに言及します。この章は他の章とは少し異質な内容となっていますが、特に日本人にとっての「里山」の意味を深く掘り下げ、日本の自然を基盤とした対策の重要性を述べています。

第5章では、既に気候変動は起こっているという前提で考えられているドイツの戦略を紹介するとともに、日本国内で計画されている地域特性を活かした新しい環境政策の例を紹介します。

第1章と第5章は「低炭素社会」、第2章と第3章は「循環型社会」、第4章は「自然共生社会」と、今後目指すべき社会に独自の方法で関連づけています。

本書では新しい取り組みの紹介に多くの紙面を割いています。しかし、それらを実現するための媒体となる「ものづくり」がこれまでの延長線上で考えられるなら、決して環境にやさしい国となることは期待できません。そういった意味で第3章に述べている「ものづくり」の章をより参考にしていただくことを願っています。

筆者らは異なる国、言語をはじめ文化も自然条件も受けてきた教育も違う、年齢や職業的経歴も違うという組み合わせで共著を続けてきました。そのため、各章の構成や内容は必ずしも同じレベルで書かれているとは言えません。

異なる言語のもとで育ったということは、基盤とするルールも違っていたことを意味しています。こうした筆者らの考え方を率直に紹介することを通して、「グローバル」がキーワードとなっている時代の転換期に、どのように環境にやさしい国を再建していけばいいのかを探るヒントにしていただければ幸いです。

なお、本書は、冒頭で紹介した月刊誌『生活と環境』誌上において、「炭素管理社会に向けて」（２００９年４月号〜現在も継続中）として連載してきた内容に加筆、または一部削除してまとめたものです。そのため、**第１章**のアメリカで始まったグリーン・ニューディール政策については、オバマ大統領就任当時の状況を書いたものとなっています。

２０１１年を迎えた現在、既にこの政策は暗礁に乗り上げています。現在の状況は、ある程度、筆者らが予想したとおりとも言えます。経済の立て直しや雇用確保のために環境を利用する、つまり、「自然や人とのつながりを重視しない」本末転倒の環境政策は、根本的にうまくいかないことが当初から予想されたからです。筆者らは、華々しくグリーン・ニューディール政策が公表された時からこの問題点を指摘してきました。そういった意味からも**第３章**を参考にしていただければ幸いです。

２０１１年１月

K・H・フォイヤヘアト
中野加都子

もくじ

第1章　低炭素社会構築に向けての動き

地球温暖化への対策は、先進国のみならず世界全体で取り組むべき課題となっている。日本でも太陽光発電や次世代自動車の開発・普及、断熱性能に優れた住宅・建築物の導入、公共交通の促進など、技術開発を中心に低炭素社会構築への新たな段階を迎えている。

本章ではトピックスとも言える最新の環境への取り組みについて紹介する。同時に、これまでになかった取り組みが、どのような新たな問題を引き起こす可能性があるかについても、既にヨーロッパで指摘されている事例を取り上げて紹介する。

1　ドイツのグリーン・ニューディール政策

ドイツではグリーン・ニューディール政策とも言える『電力供給２０２０　新しいエネルギー経済へのあゆみ』[1]（２００９年1月）を発行し、これからのエネルギー利用への新たな方向性を示している。

本書ではまず、この報告書の内容を紹介することによって、最大限に再生可能エネルギーの利用を目指すドイツの考え方を示そう。

なお、本報告書は２００８年6月から既に作成に入っていた。オバマ大統領がアメリカにおけるグリーン・ニューディール政策を示したのは、その後のことである。したがって、ドイツの方が先に、これからの新しいエネルギー利用の方向性を具体化していたことになる。

◆報告書の背景

オバマ大統領は、就任直後から早くもグリーン・ニューディール政策を打ち出し、景気浮揚策の柱として地球温暖化対策に乗り出している。日本でもそれに追随して、２００９年1月6日に麻生首相（当時）が、地球温暖化対策と景気刺激を両立させた「日本版グリーン・

ニューディール構想」の策定を指示した。省エネ技術や製品の開発・普及などへの投資の促進によりCO_2排出量を抑制するとともに、環境関連産業の振興を通じて雇用を創出しようというものである。今後5年程度で市場規模を、現状の７０兆円から１００兆円以上に、雇用を１４０万人から２２０万人に拡大することを目標に掲げている。

オバマ大統領は「グリーンジョブ」と題し、再生可能エネルギー等に約１５００億ドルを投資し、５００万人の雇用創出を提示している。ドイツでは再生可能エネルギー産業を２４００億ドル規模に、２５万人（３年で５５％成長）を関連業種に雇用することを目標としている。この結果、２０２０年には再生可能エネルギー産業が、自動車産業を上回る規模になることが想定されている。

ドイツの報告書『電力供給２０２０　新しいエネルギー経済へのあゆみ』[1]は、再生可能エネルギー連邦協会（ＢＥＥ）が中心となって、再生可能エネルギーに関連する様々な電力産業機関の協力のもとに、今後の見通しをまとめたものである。報告書作成に参加した機関は、再生可能エネルギー機関（ＡＥＥ）、風力エネルギー連邦協会（ＢＷＥ）、地熱連邦協会、バイオエネルギー連邦協会（ＢＢＥ）、バイオガス協会、ソーラー経済連邦協会（ＢＳＷ）、水力発電連邦協会である。

結論として、２０２０年には総電力使用量（５９５ＴＷｈ）のうち、４７％（２７８ＴＷｈ）を再生可能エネルギーによって賄うことが可能とされている。ただし、これは極端な国際的な経済不況など、前提条件の変化がない場合を想定したものである。

また、冒頭で述べたように、アメリカの新政策が打ち出される前に、既に本報告書をまとめることが計画されていた。その背景には、ロシアからの天然ガス供給停止問題を契機に、エネルギー自給率向上に向けた対策が真剣に検討されるようになったことがある。

ロシアが契約切れを理由にウクライナへの天然ガス供給を停止した問題は、２００８年後半から欧州に深刻な影響を与えてきた。２００９年1月7日にはウクライナ経由のパイプラインによるロシアからの欧州向けガス供給が一時的に完全に停止されたことが発表され、非常事態宣言を検討する国も現れた。

ドイツは国内需要の約4割をロシアに依存する欧州最大の顧客である。ベラルーシ経由のパイプラインでその大半を購入しているため、ウクライナ経由停止による直接的な影響は少なかったとみられる。しかし、フランスやイタリアとともに供給量が減ったという情報もある。

　こうした背景もあって、エネルギー自給率を高めることはアメリカのグリーン・ニューディール政策以前の問題として、かなり重要な政策課題になっていた。

◆2020年の再生可能エネルギー利用の目標

　図1・1に示すように、総電力使用量のうち、再生可能エネルギー源の占める割合は２００７年時点では１４％である。本報告書においては、この割合を段階的に高めて、２０２０年には４７％にすることが目標とされた。図1・2には再生可能エネルギーの電源構成の割合が示されている。再生可能エネルギーによる発電量（２７８ＴＷｈ）のうち、２０２０年時点で最も大きな割合を占めるのが、風力発電（１４９ＴＷｈ）である。再生可能エネルギーによる発電量の約５０％を占め、現状の３倍以上となる。

　次に大きな割合を占めるのがバイオマス発電（５４ＴＷｈ）で約２０％となる。その次は太陽光発電（４０ＴＷｈ）で約１５％となる。水力発電は現状と比べてそれほ

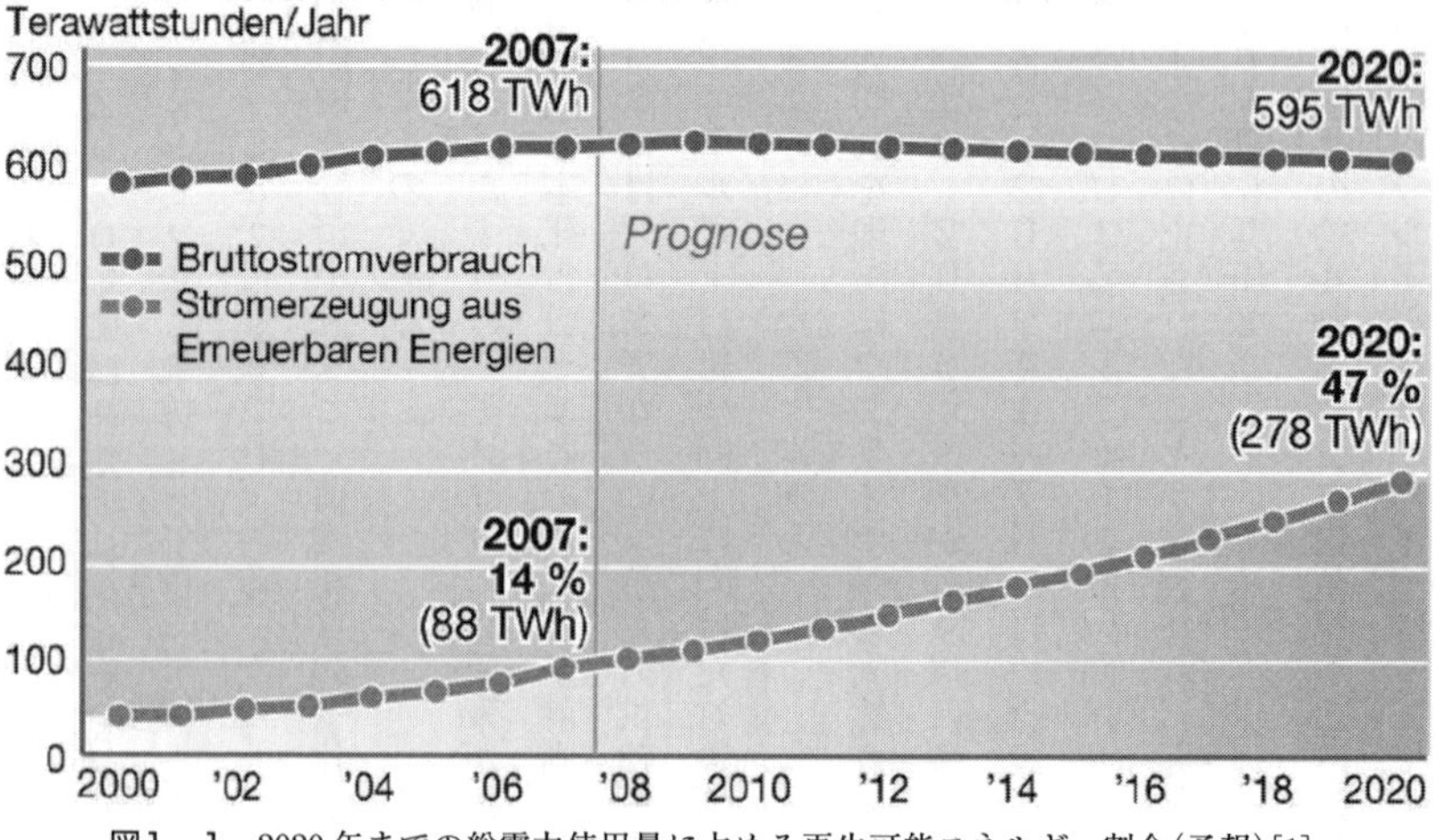

図1・1　2020年までの総電力使用量に占める再生可能エネルギー割合（予想）[1]

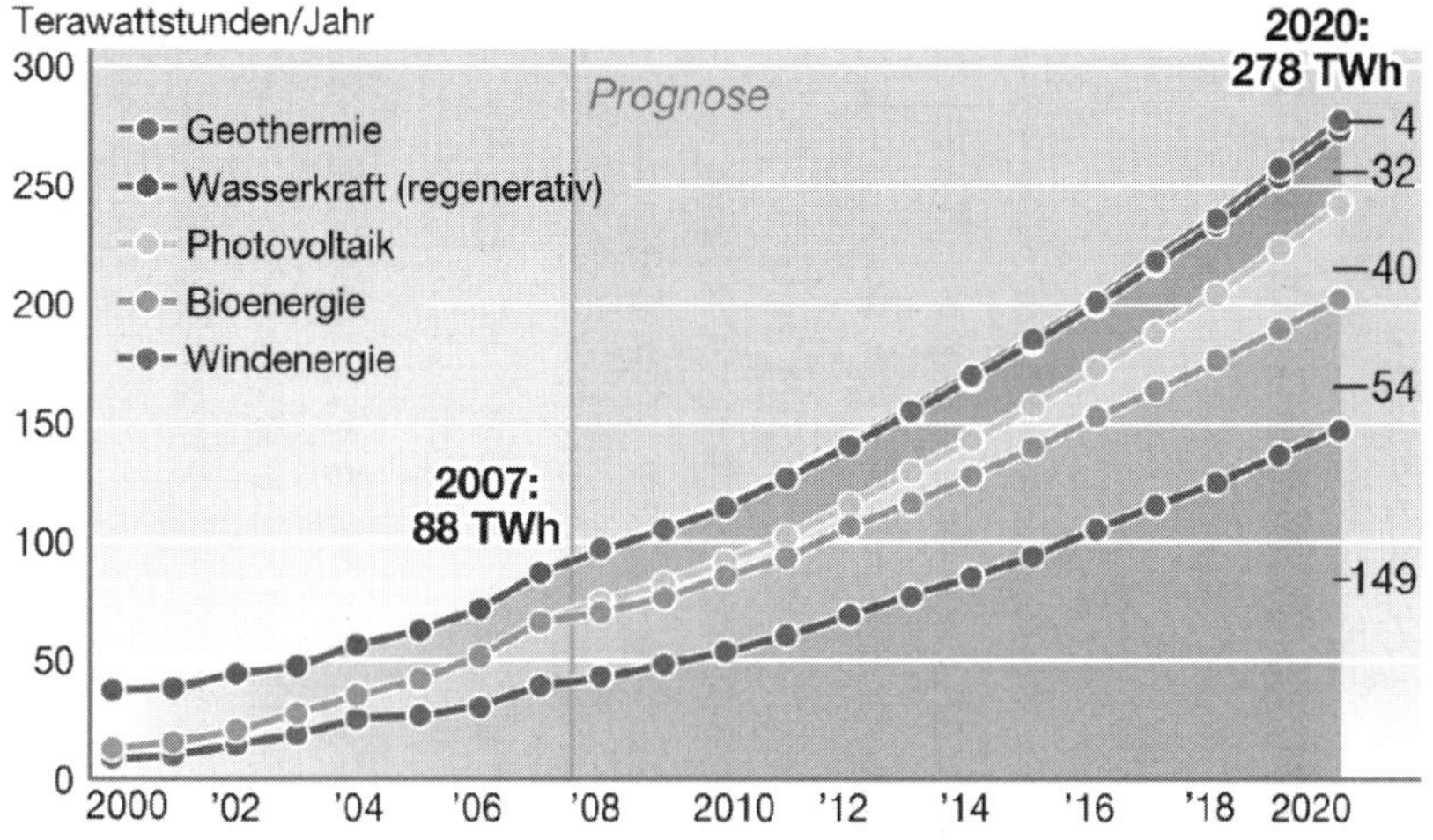

図1・2　再生可能エネルギーによる発電量に占める各再生可能エネルギー源の割合（予想）[1]

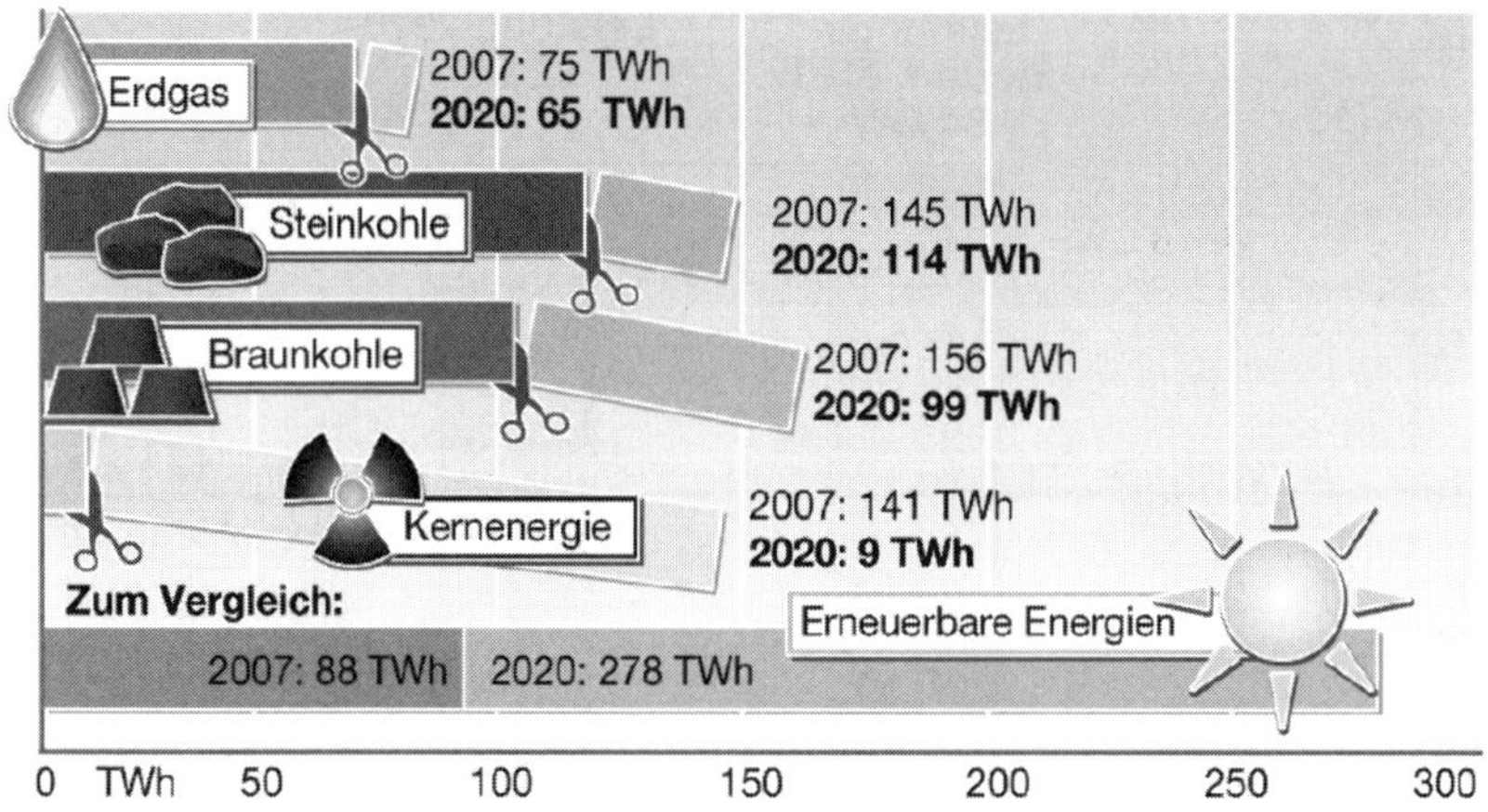

図1･3　2007年と2020年の各発電源による発電量の変化[1]

ど増加しない。地熱発電は２ヵ所の発電所で試運転が行われているものの、経験がないために明確な見通しは困難である。しかし、そのポテンシャルはドイツの年間電力使用量の約６００倍と試算されている[2]。地域の条件によってどのように生かすかの条件との整合性、技術開発、コスト問題を解決できれば、かなり有望と考えられている。

図１・３は、各発電源による発電量の増減見通しを示したものである。天然ガスでは２００７年の７５ＴＷｈが２０２０年には６５ＴＷｈに、石炭は１４５ＴＷｈが１１４ＴＷｈに、褐炭（水分と不純物が多くＣＯ２排出量の多い品質の悪い石炭）では１５６ＴＷｈが９９ＴＷｈに、原子力は１４１ＴＷｈが９ＴＷｈに削減される。

特に原子力と褐炭による発電が激減するのに代わって、再生可能エネルギーは８８ＴＷｈが２７８ＴＷｈと大幅に増加する。

◆電力の需要と供給、および発電施設建設の見通し

図１・４は２０２０年の年間当りの電力の需要量と供給量予測を示したものである。図中、左側が需要量を示

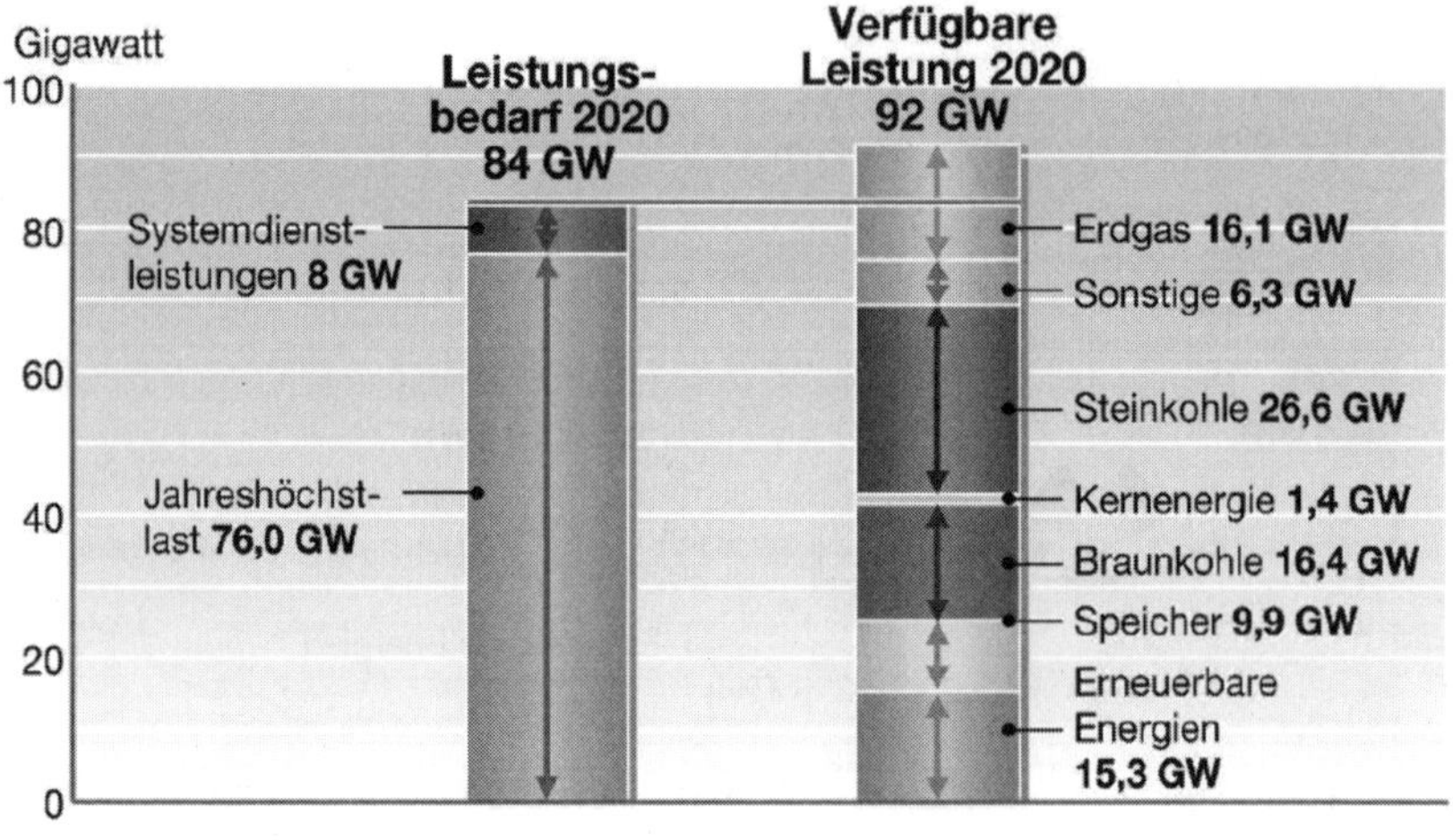

図1・4　2020年の年間当りの電力の需要量と供給量予測［1］

している。７６ＧＷは現在の電力使用量の最大値であり、８ＧＷは自家発電によるもので、合計８４ＧＷが電力需要量と予測されている。右側が供給量であり、再生可能エネルギー（１５・３ＧＷ）、貯蔵（９・９ＧＷ）、褐炭（１６・４ＧＷ）、原子力（１・４ＧＷ）、石炭（２６・６ＧＷ）、その他（６・３ＧＷ）、天然ガス（１６・１ＧＷ）であり、合計９２ＧＷとなる。つまり、供給が需要を上回ることになり、余裕分は天然ガスで調整されることになる。

発電施設では原子力発電所は２００７年時点で２０・５ＧＷを発電しているが、今後建設計画はなく、２０２０年ではゼロとなる予定である。天然ガス発電所は稼働中が２２・４ＧＷ（２００７年）であり、３・３ＧＷが施設建設中であるが、２０２０年の建設計画はゼロになる（当初は４・９ＧＷ分を新設計画）。褐炭発電所は稼働中が２０・４ＧＷ（２００７年）であり、２・８ＧＷ分が施設建設中であるが、２０２０年の建設計画は同様にゼロとなる（当初は２・７ＧＷ分を新設計画）。石炭発電所も稼働中が２７・７ＧＷ（２００７年）であり、５・６ＧＷ分が施設建設中であるが、２０２０年の建設計画はゼロとなる（当初は１４・６ＧＷ分を新設計画）。

つまり、天然ガス、褐炭、石炭の発電所は既設のもの、および現在建設中のものを使えば、それぞれの発電源による計画発電量を満たすことが可能と考えられており、２０２０年以降には新設する必要はないと考えられている。

◆電力ネットワークの管理

電気は蓄積が難しいため、必要に応じてフレキシブルに需要電力を賄えるようにしておくことが欠かせない。そこで考えられているのが電力ネットワーク管理システムである。

その方法として考えられているのが図１・５に示すようなネットワーク管理である。一つの方法が電解によって水素に変換して蓄積するもので、燃料電池として使えるようにしておくものである。電気自動車の蓄電池にストックしておくという方法も考えられる。こうすれば、各自動車に個別に電気を分散保存しておくことになり、小規模ながら自己電源を確保できることになる。テロによって送電線からの電気を断たれた場合の対策にもなる。太陽光のような自然エネルギーによる不安定電源を補完する役割を担うこともできる。

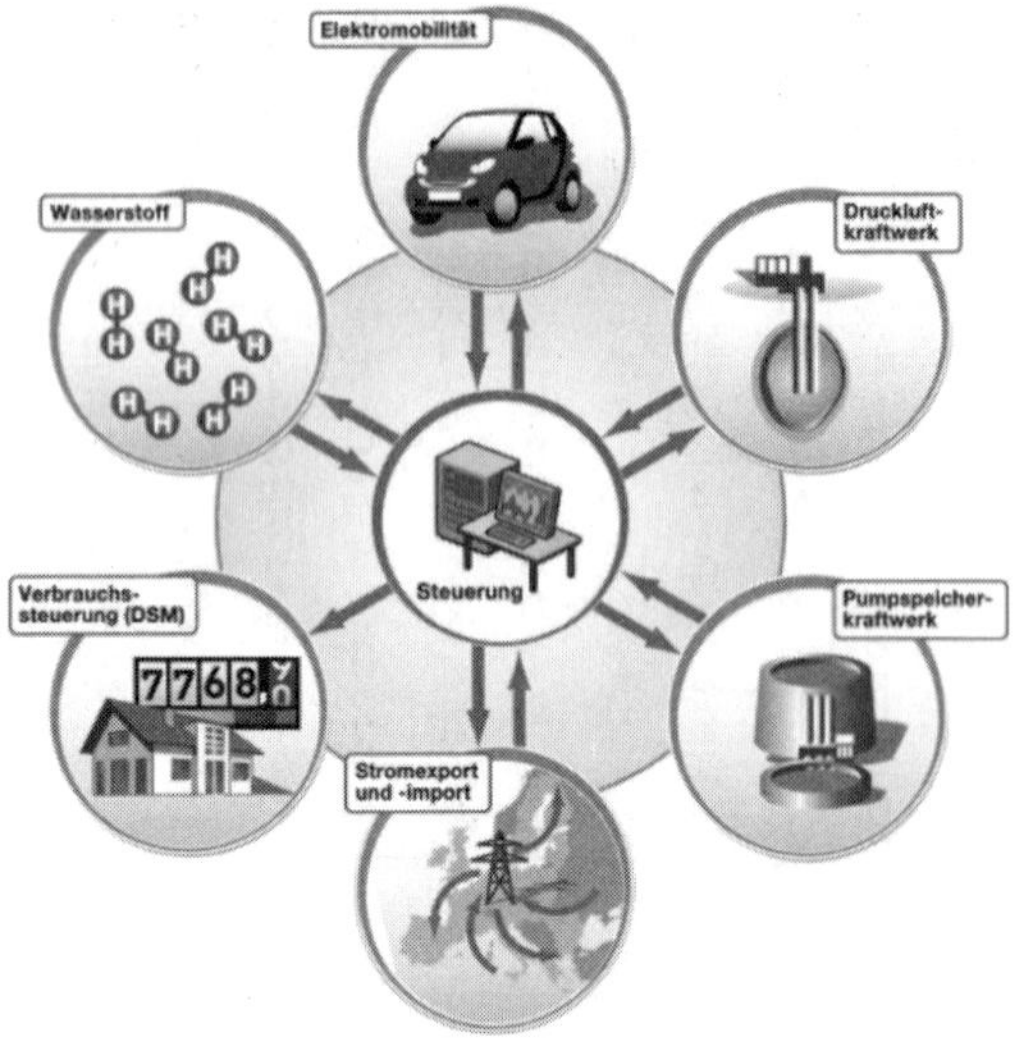

図1･5　電力ネットワーク管理システムの概念［1］

また、使わなくなった旧天然ガス田に高圧で空気を押し込み、蓄積した空気を発電に使う方法も考えられている。

水力発電ダムでは、ダムに水を保存―放流を調整することによって、電力を出し入れすることも考えられる。水力発電が積極的に行われているノルウェーとの関係では、ドイツで余剰電力があるときはノルウェーに送電して、現地の水を汲み上げるのに利用し、ドイツで不足する時にはノルウェーから送電するという方法も考えられている。

こういった電力管理に際しては、一般住宅にメーターを設置し、測定値を中央管理施設に送って管理することになる。

◆再生可能エネルギー利用によるCO_2排出量削減効果

２００７年時点でCO_2排出量は年間３２５百万トンであるが、再生可能エネルギー利用を高めた２０２０年の計画では、それを２０５百万トンに削減される計画である。つまり、電源構成における〈従来〈石炭、褐炭、天然ガス、原子力〉〉と〈再生可能エネルギー〉の割合が６：４程度に変化することによって、CO_2排出量は１２０百万トン減となる。この計画が実現すればCO_2排出量削減目標の達成も可能である。

また、新たなエネルギー媒体の導入のためには補助金が必要となる。補助金は２０１５年まで増加するが、２０２０年には２０１５年の半分となり、反対に化石燃料輸入に関わるコストは大幅な削減となる。このことによって、将来、少ない予算で安定的に自立したエネルギー供給体制を確立できると考えられる。

◆オバマ政権に対するヨーロッパ国民の期待

ドイツの報告書[1]の内容は、結果的にアメリカのグリーン・ニューディール政策にも大きな影響を与えることが予想される。

ヨーロッパの人々のオバマ政権への考え方、期待としては、フィナンシャルタイムズが行ったアンケート調査[3]の結果がある。それによれば「これから国際的なできごとにオバマ政権が与えるポジティブな影響についてどう思うか」という質問に対して、「ポジティブな影響がある」と答えた割合は、ドイツ人：８２％、フランス人：９２％、イタリア人：９０％、スペイン人：８５％、イギリス人：７７％、アメリカ人（ヨーロッパ在住）：６８％であり、大方は好意的にとらえられている。

特に取り組むべき課題については、経済問題：３５％、気候変動問題：２５％、中近東問題：１１％である（ドイツの結果のみ）。一方、「アフガニスタンへの軍隊派遣を増加させることを例に、オバマ政権と協調する歩調をとることに合意できるか」という質問に対しては、反対がドイツ人：５２％、イタリア人：５０％、イギリス人：５０％、フランス人：４４％となっている。

十分な情報とは言えないが、以上のような結果を見ると、ヨーロッパ人はオバマ政権に比較的よい印象を持っている。しかし、簡単にはアメリカの意思どおりには動かないというところも読み取れる。

いずれにしても、アメリカの政策にかかわらず、ドイツではエネルギー自給率を上げるために再生可能エネルギー利用を最大限に高めるための具体策が、着実に進められている。

２　エコカー購入補助制度

かつてない経済危機は、環境技術を基盤とした経済社会に転換していくための契機とも考えられる。その一つの例が、ドイツで行われている中古車をエコカーに買い替えた場合に補助金を支給する「中古車シュレッダー補助金制度」（スクラップ・インセンティブ）である。自動車走行時のCO_2排出量を可能な限り少なくすることは、低炭素社会の主要なテーマとも言える。

本制度は、経済立て直しと合わせて「従来車からエコカーへの転換策」として実施され、日本にも強い影響を与えている。

◆ドイツのエコカー普及促進対策

（１）制度の概要

ドイツ政府は、この制度を２００９年１月中旬から発足させた。これは、消費者が環境負荷の高い旧型車を廃棄して新車を購入した場合に、２５００ユーロ（約３３万円）の補助金を政府が支給するものである。

直接的には景気対策として実施されているもので、実際に２月の欧州各国の新車販売が軒並みマイナス成長となる中、ドイツは前年同月比で２割増という好調ぶりとなった。ドイツで自動車販売台数が前年同月を上回るのは２００８年７月以来、７ヵ月ぶりである。実際にこの制度はターボチャージャー（内燃機関において、より高出力を得るために利用される過給機の一方式）のような刺激を社会全体に与えている。

当初６０万台の申請枠を設けていたが、制度開始直後の２月２３日までに連邦経済輸出管理庁（ＢＡＦＡ）に提出された申請書は１万４８４０件を超え、利用者が殺到している。日本のＪＡＦ（日本自動車連盟）に当たるドイツのＡＤＡＣ（Allgemeiner Deutscher Automobilclub）が行ったアンケート調査によると、現在、１００万人程度のユーザーが、９年以上使用した自家用車の買い替えを検討している。また、８１％の回答者が当初、政府が確保した予算枠はすぐに枯渇すると予想した。

その予想どおり、3月中旬までに半分の３０万台を超過し、予算枠が足りなくなった。経済界では小型車を中心として新車販売台数をさらに増加させる期待が高まっているのを受けて、ドイツ政府として時限措置を延長させる方針を立て、メルケル首相とシュタインマイヤー副首相兼外相も合意した。

(2) 対象条件[4]

制度発足後から自動車販売店では売り切れ状態となり、小型自動車の納期が長いフォード社では短縮労働の対象になっている生産ラインの見直しを行うまでの盛況ぶりを見せた。ルーマニアの自動車メーカーDaciaでも生産が間に合わない状態になった。

制度の適用条件は以下のとおりである。

①申請できる人：個人であり、制度の適用が受けられるのは9年以上使用した車に限る。オートバイ、運搬用トラックなど事業活動用の自動車は対象外。

②新車とシュレッダーされる車の所有者は同一でなければならない。相続した自動車のように、シュレッダーする自動車と、新車の所有者の名義が異なる場合は制度の適用を受けることができない。

また、事故車のように、車体がバラバラである場合も適用外。

③制度対象以外の一般的な使用済み自動車の処理方法としては、解体後に利用可能な部品をリユースすることもできるが、本制度を適用する場合は、使用済み車はすべてシュレッダー処理しなければならない。また、必ず使用済み車と引き換えに新車を購入しなければならない。

④買い替える新車は、最新技術を適用した環境配慮型の自動車でなければならない。しかし、新車は輸入車も対象としており、ユーロ圏では旧共産圏の新車が必ずしも技術的に最新の環境配慮車でない場合もある。低収入の人が価格の安い新車を購入できるチャンスでもあるので、「ユーロ４」の規格を満たすものであれば新車として輸入車も認めている（資料1・1参照）。

⑤対象となる車には、乗用車のみでなくミニバスも含まれる(ただし、新車としては「ユーロ４」の規格を満たすもの)。

⑥新車の購入と使用済み自動車のシュレッダー処理は、２００９年末までにすべて終えなければならない

資料1・1：Emission standards for passenger cars

"Emission standards for passenger cars and light commercial vehicles are summarised in the following tables. Since the Euro 2 stage, EU regulations introduce different emission limits for diesel and gasoline vehicles. Diesels have more stringent CO standards but are allowed higher NOx emissions. Gasoline-powered vehicles are exempted from particulate matter (PM) standards through to the Euro 4 stage, but vehicles with direct injection engines will be subject to a limit of 0.005 g/km for Euro 5 and Euro 6. All dates listed in the tables refer to new type approvals. The EC Directives also specify a second date — one year later — which applies to first registration (entry into service) of existing, previously type-approved vehicle models."

European emission standards for passenger cars (Category M1*) , g/km

Tier	Date	CO	HC	NOx	HC+NOx	PM
Diesel						
Euro 1†	Jul-92	2.72 (3.16)	-	-	0.97 (1.13)	0.14 (0.18)
Euro 2	Jan-96	1	-	-	0.7	0.08
Euro 3	Jan-00	0.64	-	0.5	0.56	0.05
Euro 4	Jan-05	0.5	-	0.25	0.3	0.025
Euro 5 (future)	Sep-09	0.5	-	0.18	0.23	0.005
Euro 6 (future)	Sep-14	0.5	-	0.08	0.17	0.005
Petrol (Gasoline)						
Euro 1 †	Jul-92	2.72 (3.16)	-	-	0.97 (1.13)	-
Euro 2	Jan-96	2.2	-	-	0.5	-
Euro 3	Jan-00	2.3	0.2	0.15	-	-
Euro 4	Jan-05	1	0.1	0.08	-	-
Euro 5 (future)	Sep-09	1	0.1	0.06	-	0.005**
Euro 6 (future)	Sep-14	1	0.1	0.06	-	0.005**

* Before Euro 5, passenger vehicles > 2500 kg were type approved as light commercial vehicle N1 - I

** Applies only to vehicles with direct injection engines

† Values in brackets are conformity of production (COP) limits

（シュレッダー証明書が必要）。

⑦補助金には課税されない。また、使用済み自動車および新車は個人の資産であるため、減価償却の対象にならない。

　また、ドイツでは、自動車会社の従業員が個人としてその会社の自動車を1年間使用した後、一般ユーザーに安く販売することができる。このような車は「年間自動車」と呼ばれ、年間自動車も制度の新車対象となる。ただし、新車として購入する年間自動車は会社のものではなく、個人の所有物であることの証明が必要である。

（3）ユーザーにとっての制度の有効性

ユーザーにとって、経済的に本制度を有効なものとするようにＡＤＡＣでは以下のことを推奨している。

①９年以上使用した中古車でも、２５００ユーロ（補助金額）以上の価値がある場合もあるので、インターネット等の情報を利用して補助金を受けて買い替えるか、中古車として売るか、どちらの方が得かを判断した方がよい。

②補助金以外にメーカーの割引等の優遇があるかどうかを確認した方がよい。つまり、補助金を受けるか、それ以外の一般の割引のどちらが得かを判断した方がよい。

③割引に関しては販売店の店員に手続きを任せ、補助金の申請はユーザー自身で行った方がよい。

④シュレッダー後の金属が有価物として売却された場合は、売却金の一部をユーザーが受け取ることができる。そのため、処理業者にシュレッダー証明書を発行してもらうとともに、売却金を受け取れるかどうか確認した方がよい。

（4）制度導入の効果

本制度の導入に関しては、日本の「定額給付金」と同様、ドイツでも２００９年秋の連邦議会（下院）選挙にまつわる「ばらまき」だという意見もあった。

しかし、この点に関しては日本との税の条件の違いを考える必要がある。ドイツにおける自動車の消費税は１９％である。そのため、補助金対象である新車が購入されると、平均的には約1万３０００ユーロの消費税が国の収入となる。つまり、国にとって補助金である２５００ユーロすべてが経済収支上でマイナスの国家負担となるわけではない。

例えば、中古車1台当りの補助金額２５００ユーロが、ドイツの消費税率１９％に相当する場合の新車価格は２５００／０.１９＝1万３１５８ユーロ（約１７５万円）になる。単純な試算では、新車の販売価格がこの金額を超えれば、補助金制度によって国は収入を得られることになる。このように、経済活動を促進しながら、場合によっては国が負担せずに収入を上げられるという点で「一石二鳥」である。

日本でドイツの制度をそのまま導入すると、政府は財政赤字を増やすことになる。こういう背景となる条件の違いには常に気をつける必要がある。

消費税についてついでに言えば、ドイツの消費税は日本と比べて複雑である。ある製品グループの場合は7％であり、それ以外は１９％である。例えば、ハンバーガーを「お持ち帰り」する場合は7％であり、その場で食べる場合は１９％である。

また、ドイツでは２０２０年までに蓄積地（埋立地）を廃止する計画であるため、シュレッダー処理業者は最大限回収してリサイクルしようと努めている。特に自動車の電気系統にはおびただしい数の電気・電子製品が使われるようになっており、ドイツの自動車全体の銅使用量は今後２０年間で倍増することが予想されている（１台当り約２２kgが約４０kgに）。

これらのことからも「中古車シュレッダー補助金制度」は、低迷する自動車業界の活性化、環境配慮型自動車への買い替え促進による自動車由来の環境負荷削減、処理業者におけるリサイクル活動の促進と収益向上など、問題解決への循環を促す起爆剤として機能し始めている。

◆日本のエコカー普及促進対策

日本でも２００９年3月末にハイブリッド車や電気自動車など、次世代自動車の普及を経済成長戦略に盛り込む方針をまとめている。世界でもトップレベルにある日本の環境産業を活性化することによって内需拡大につなげ、景気回復の起爆剤とすることを狙ったものである。

同年4月に新たに固められた追加経済対策の骨格では、①低炭素革命、②底力発揮・２１世紀型インフラ整備、③健康長寿・子育て、の3分野が成長戦略の柱としてあげられている。

自動車分野としては、日本メーカーが優位に立つハイブリッド車、電気自動車など、低燃費の環境対応車を市場拡大の柱とする計画である。

トヨタ、ホンダとも２００万円を切る新型ハイブリッド車を開発し、２０１１年にも発売する予定である。価格帯としても一般のガソリン車並みとなり、燃料費の低減効果も含めれば同等の価格競争力を持つことになる。

これらの対策と平行して、電気自動車に対する急速充電施設等のインフラ整備の増設も含めて、平成３２年度に国内新車販売台数の半分程度を次世代車に転換することを目指す。

　こうした戦略により、２００９～２０１１年度の３年間で約２００万人の雇用と約６０兆円の新規需要創出を目指している。

（１）補助金制度

　エコカーへの買い替え補助金制度の申請受付が、２００９年６月１９日から開始された。これは、従来車から環境性能の良い乗用車や重量車に買い替える場合、または、新たに環境性能の優れた車を購入する場合に補助金が交付されるものである。

　本制度が開始されて以来、ハイブリッド車などのエコカーや低燃費車を中心に新車販売台数が急増している。

　補助金の対象となるのは、例えば乗用車では、①最初の登録等から１３年以上経過した車からエコカーに買い替える場合、②新車（エコカー）を新たに購入する場合である。

①最初の登録等から１３年以上経過した車からエコカーに買い替える場合（登録車・軽自動車）

　自動車リサイクル法に基づき、「使用済み自動車」として引取業者により引き取られた車が対象である。「下取り車」となった車は廃車を伴う補助金の対象外となる。

　買い替える乗用車の条件としては、１０年度燃費基準を満たす（ほぼすべての新車が該当）こととされ、補助金額は、登録車：２５万円、軽自動車：１２・５万円である。

②新車（エコカー）を新たに購入する場合（登録車・軽自動車）

　新車の条件としては、排気ガス性能４☆、かつ１０年度燃費基準＋１５％以上達成していることで、補助金額は、登録車：１０万円、軽自動車：５万円である。

　同補助金制度は、予算がなくなり次第終了となるが、地方自治体が実施している他の補助金制度と併用可能な場合が多い。

（２）エコカー減税

　２００９年度から開始されており、排出ガス性能、および燃費性能の優れた自動車を購入する際に、自動車重量税・自動車取得税が減免されるものである。また、エコカー補助金の場合と違って、中古車を購入する場合でも、条件を満たしていれば減税を受けることができる。

なお、自動車重量税の減免措置については、適用されるのは購入時の一度のみとなっている。

新車購入の場合、自動車重量税については２００９年４月１日～１２年４月３０日の期間に新車にかかる新規検査を受けること、自動車取得税については２００９年４月１日～１２年３月３１日の期間に新車を取得することが条件となっている。

減税対象は、それぞれの低公害と低燃費の程度に応じて減税レベルが異なる。非ハイブリッド車の場合、低公害（２００５年排ガス基準より７５％以上低減）で低燃費（２０１０年度燃費基準よりプラス２５％以上を達成）なら７５％減税、低公害（２００５年排ガス基準より７５％以上低減）で低燃費（２０１０年度燃費基準よりプラス１５％以上を達成）なら５０％の減税対象である。

また、新車の購入でなく中古車の購入でも、エコカーなら減税対象となり2年分の重量税（新車なら3年分）が新車と同じ基準で５０～１００％減税される。減税幅は、それぞれの車種によって異なる。

◆危機を転機に

もしも、２００８年に起こった国際的な経済危機や、石油価格の高騰など、経済の根本をゆるがす変化がなければ、日本、ドイツともこれほどまで大胆、迅速にエコカーに転換する政策を打ち出せなかったかもしれない。そういった意味では、危機を前向きにとらえて好機とする方向が期待される。

3　日本の電気自動車普及に向けた対策

２００８年７月に閣議決定された「低炭素社会づくり行動計画」[5]では、排出量のうち約2割を占める運輸部門からのCO_2排出削減を行うために、従来の自動車を次世代自動車に転換していく目標が掲げられている。

現在、新車販売のうち約５０台に１台の割合である次世代自動車を、２０２０年までに新車販売のうち２台に１台の割合で導入するという野心的なものである。次世代自動車としては、ハイブリッド自動車（ＨＶ）、電気自動車（ＥＶ）、プラグインハイブリッド自動車（ＰＨＥＶ）、燃料電池自動車、クリーンディーゼル車、ＣＮＧ自動車（天然ガス自動車）等が対象とされている。

◆次世代自動車の普及策

具体策としては、費用の一部支援など導入支援の充実による初期需要の創出や、電気自動車、プラグインハイブリッド自動車、燃料電池自動車の基盤技術である次世代電池や燃料電池等の技術開発による高性能化や低価格化を進める。

内容は、２０１５年までに次世代電池の容量を現状の１・５倍、コストを７分の１、２０３０年までに容量を７倍、コストを４０分の１にすることを目指すものである。

また、電池切れの不安感を解消するためには、急速充電設備（例えば、家庭充電で約７時間の充電時間が急速充電では約３０分程度に短縮可能）を含む充電設備等のインフラ整備が計画されている。さらに、高度道路交通システム（ＩＴＳ）の推進などの交通流対策、クリーンディーゼル車のイメージ改善や普及促進等の統合的な取り組み、次世代低公害トラック・バス等の実用化促進等を進めることが示されている。

同時に、次世代自動車の大部分には高性能・大容量蓄電池が搭載されており、蓄電池は次世代自動車の核心とも言われている。そういった意味で、次世代自動車の開発に、蓄電池の開発が不可欠となっている。

次世代自動車の一つである電気自動車は、新しい技術によって運輸部門からのCO_2排出削減を行うための有力な手段の一つと位置づけられている。別の角度からは、新しい電池技術や電気自動車は、電気エネルギーをリアルタイムの需要に合わせて自由に利用できる革新的デバイスとも位置づけられる。このことから、産業の競争力強化やイノベーション、新しいライフスタイルを生み出すインパクトとなることも期待されている。

◆ドイツの新戦略

ドイツでは「エレクトロ・モビリティ国家開発計画」に

おいて、2020年までにEVを100万台、2030年までに500万台以上、2050年には大半の都市において自動車のための化石燃料を不要とする目標を立てている。これらを実現するために、第2次景気対策において総額5億ユーロを計上しているほか、PHEVとEVの駆動装置開発計画、電池リサイクルの研究開発に関し、1億ユーロの補助を発表している(2009年4月、ドイツ連邦環境相)。

またEUにおいてはEU全域を対象とした法整備のほか、電池開発における官民連携、充電インフラの標準化、研究開発支援、利用促進策までを含めた包括的な新戦略の策定に乗り出している(**表1・1**)。

EU域内では人口5億人の巨大市場があるため、規格の標準化により量産効果を上げ、開発・普及費用の削減を狙っている。EVの利用促進策としては、税制や補助金による購入支援策、高速道路での料金無料化、一般道での優先道路の設定等の採用を加盟国に促し、スマートグリッドを活用して再生可能エネルギーで発電した電力を充電スタンドに送るシステムも検討課題となっている。

表1・1　EUの電気自動車戦略の主な検討課題

分　野	具体的内容
法律・規格化等	・EU全域を対象とした法整備
	・充電スタンド，充電プラグ，計測器等の規格標準化
技　術	・電池開発についての官民連携
	・次世代送電網「スマート・グリッド」の活用
	・風力や太陽光等再生可能エネルギーとの連携
	・欧州投資銀行(EIB)による研究開発支援，人材育成
経　済	・税制や補助金による購入支援
	・高速道路での電気自動車向け料金の無料化等の普及促進策

◆電気自動車と環境問題との関わり

日本における運輸部門からのCO_2排出量は全体の約2割を占めている。運輸部門（自動車・船舶等）の中では、貨物車・トラック：36%、マイカー：31%が大きな割合を占めている[6]。

このように、自動車は地球環境問題と深く関わっている。運輸部門からのCO_2排出削減に関しては、これまでにも燃費の向上、交通対策、走行量の低下、公共交通利用拡大等の対策が実施されてきた。トラック輸送から鉄道輸送へのシフト、輸送効率向上等のほか、バイオ燃料の導入も実施されてきた。

しかし、低炭素社会の構築のためには、更なる燃費向上、CO_2排出量の削減、燃料の多様化等が必要となっている。そういった対策の一つとして考えられているのが、EV（電気自動車）の普及である。

EVは、家庭用電源などで充電可能な大型バッテリーを搭載し、モーターのみで走行が可能な自動車である。PHEV（プラグインハイブリッド自動車）は、ハイブリッド自動車のバッテリー性能を強化したもので、家庭用電源で充電可能という点等からEVに近い特徴を持っている。

電力中央研究所では東京都23区を例にEV普及効果に関する試算を行っている[7]。これは、電力化による省エネルギー効果に加えて期待できる、排気ガス等の削減、ヒートアイランド緩和効果に関するものである。

主な成果として、以下のことが報告されている。

①代替性の高いすべての普通乗用車や小型貨物、バスをEVに代替（全走行量の83％に相当）することで、自動車で消費するエネルギーの40％（一次エネルギー換算）を削減できる。

②EVの普及によりヒートアイランド現象が緩和される。これは、自動車からの排熱の減少によるもので、晴天弱風夏日の都心の気温低下量は、最大で0・4℃（午前8時）である。気温低下が建物冷房電力の削減をもたらし、その排熱削減がさらに気温を下げる効果も期待できる。

③EV導入拡大に向けた検討を目的に、都市計画や交通政策の調査も行った結果、その動向はコンパクトシティを軸として動き、自動車から公共交通への転換が進む可能性が高い。走行可能距離の短いEV導入を前提とすると、都心にはトランジットモール、郊外にはパーク&ライドを整備することによって、公共交通までのアクセス交通として、EV利用が一つのパターンとして想起される。

これらのほか、EVの普及により、NO_x、PMの排出量削減効果のあることが示されており、省エネルギーのみでなく、都市全体としての環境負荷削減効果を期待できるという。同研究所では、充電による電力需要増加に伴うCO_2排出増加を考慮して、環境負荷低減効果の精緻化を進めている。

◆ＥＶ、ｐＨＥＶの普及対策

日本ではこれまでに「次世代自動車用電池の将来に向けた提言」（電池研究会、２００６年８月）[8]、「新世代自動車の本格普及に向けた提言」（経済産業省インフラ整備ＷＧ、２００７年６月）[9]等によって次世代自動車普及に向けた提言が行われた。これらでは、わが国の電池技術の優位性と非常に高い世界シェアを活用し、以下のような新たな連携体制の構築が提言された。

①大学、研究機関との連携によるサイエンスの動員、自動車メーカーにおけるエンジンを付加価値の源泉としてきたビジネスモデルからの大きな変革

②電池メーカーにおける民生用機器を中心としたビジネスモデルからの脱却

③海外との比較優位をより強固にするため、国が中心となった新たな産官学の連携体制を構築

④規制や規格などの制度整備

⑤充電スタンドなどのインフラ整備

環境省では２００８年１２月から、電気自動車や燃料電池車などの普及を推進するための「次世代自動車等導入促進事業」を行ってきた。２００９年１月中旬以降から５０台以上の電気自動車を地方公共団体や企業に貸し出し、公用車などへの利用による実証実験と広報・普及活動を行い、約１年間かけて実際の使い勝手などを確かめ、信頼性の確立につなげるというものである。貸出先は、神奈川県、愛知県、大阪府、兵庫県、横浜市、北九州市の６ヵ所で、対象は電気自動車と燃料電池車である。

また、

①一般的にＥＶの航続距離が短いこと、

②低環境負荷型社会の構築のために長距離用としては公共交通を利用し、近距離用としてＥＶを利用することが望ましいこと、

③太陽光発電・燃料電池などの再生可能エネルギーが利用可能等のこと、

からＥＶの普及には充電設備の整備が不可欠となっている。

２００９年夏以降から本格的な市場導入が計画されてきたＥＶについては、その普及拡大に当たって、経済産業省のもと、充電サービスのあり方を検証する実証実験等が開始されている[10]。

これは、サービスステーション等をはじめとして、外出先での充電インフラをビジネスベースとして展開する

ため、急速充電方式、バッテリー交換方式等の充電方式、およびその稼働システムを用いて充電サービスのあり方、システムの安全性・信頼性等を検証するものである。この成果を広く展開することにより、充電サービスを提供するガソリンスタンド等を増加させることを狙っている。充電インフラの種類と充電時間等の例は**表１・２**に示すとおりである。

また、充電サービスと連動したビジネスモデルおよび、それを支える認証・課金等のシステム基盤の開発・実証・妥当性の検証も実証実験内容の一つとなっている。これは、以下に関する実証・妥当性の検証を行うものである。

①カーナビを活用した充電サービスの予約システムなど充電サービスと連動したビジネスモデル
②カーシェアリングやレンタカー等の電気自動車需要を喚起するモデル
③充電待ちの時間を利用した付加価値サービスの提供

普及へのインセンティブとしては、自動車重量税の減免（平成２１年度～）、ＥＶを購入する地方自治体への補助金交付、ＥＶ用の急速充電設備を設置した場合の固定資産税の最初３年間の課税標準を３分の２にする優遇措置（平成２１年度～）などが行われている。

表1･2　充電インフラの種類と充電時間等

<table>
<tr><td colspan="2" rowspan="3">充電インフラの整備</td><td colspan="2">コンセント（フル充電）</td><td rowspan="2">急速充電器（80％充電）</td></tr>
<tr><td>100V</td><td>200V</td></tr>
<tr><td>自宅ガレージ等</td><td>時間貸駐車場等</td><td>ショピングセンター等</td></tr>
<tr><td colspan="2">想定される場所</td><td colspan="2">カーディラー，自動車用品店，コンビニ，病院，商業施設等</td><td>ガソリンスタンド，高速道路 SA，商業施設等</td></tr>
<tr><td rowspan="3">電気自動車</td><td rowspan="2">航続距離
150km の場合</td><td>約 14 時間</td><td>約 7 時間</td><td>約 30 分</td></tr>
<tr><td colspan="3">電気料金※　昼間：約 350 円，夜間：約 110 円</td></tr>
<tr><td>航続距離
80km の場合</td><td>約 8 時間</td><td>約 4 時間</td><td>約 15 分</td></tr>
<tr><td colspan="2">設置費用
（工事費含む）</td><td>約 5 万円</td><td>約 50 万円</td><td>約 600 万円</td></tr>
</table>

※電気料金は契約形態によって異なり，上記は一般家庭における標準的な料金を示す。

出典：経済産業省次世代自動車戦略研究会（第１回）・配付資料「自動車産業を巡る現状と課題」より作成。

◆新たな社会づくりの可能性

経済産業省主導で行っているエコカー普及事業の一つに「ＥＶ・ｐＨＶタウン構想」[11]がある。これは、運輸部門における低炭素社会の実現を見据え、２００９年より市場投入されるＥＶや、ｐＨＶ（プラグインハイブリッド自動車）の普及に向けた実証実験のためのモデル事業である。

これらの車の普及には、集中的な充電インフラの整備や、消費者への普及啓発が重要であることから、数ヵ所のモデル地域を選定し、自治体や地域企業等と連携して、ＥＶ・ｐＨＶの導入や環境整備が行われている。

具体的な事業の進め方としては、以下の３種類が軸となっている。

①初期需要の創出

・政府、自治体、企業等による率先導入

・タクシー、レンタカー、カーシェアリング等への導入

・車両購入費用を低減させるインセンティブ（補助制度や税制優遇）

②充電インフラの整備、利用時のインセンティブ

・政府、自治体、自動車メーカー、電力会社、地域企業（ショッピングセンター、コンビニ、民間駐車場、ガソリンスタンド、高速道路会社など）が連携して、充電インフラの整備や利用時のインセンティブを付与

③普及啓発・効果評価

・シンポジウム、試乗会、環境教育等による普及啓発の実施

・経済性、環境性能等の効果評価の実施

構想に選定されたＥＶ・ｐＨＶタウンには以下の３種類がある。

①広域実施地域……東京都、神奈川県

２００９年度から、隣接する広域な地域においてモデル事業を実施し、先進的なマスタープランの策定を目指す地域

②実施地域……青森県、新潟県、福井県、愛知県、京都府、長崎県

２００９年度から、地域の特色を活かしたモデル事業の実施を通じて、熟度の高いマスタープランの策定を目指す地域

③調査地域……岡山県、高知県、沖縄県

提案内容に解決すべき課題があることから、更なる調査を実施し、２００９年度に実施予定の提案募集を通じて「ＥＶ・ｐＨＶタウン」への選定を目指す地域例えば、「ＥＶ・ｐＨＶタウン」構想の広域実施地域に指定された東京都では、東京都道路整備保全公社が、電気自動車の充電スタンドを２３区内の１４ヵ所の駐車場（２００８年１０月に１ヵ所設置済み）に設置し、７月１日より無料充電サービスを開始した。

設置場所は、２３区内の１０km四方におおよそ１ヵ所になるように設定され、１００Ｖと２００Ｖの充電器を設置する。１０・１５モードで航続距離が１６０kmの三菱自動車工業の「ｉ－ＭｉＥＶ」（電池容量１６ｋＷｈ）の場合、満充電までの時間は２００Ｖで７時間、１００Ｖで１４時間であり、約１時間充電すれば２３区内の移動ができる計算である。駐車料金はかかるものの、一部の駐車場では低公害車割引が適用され、１時間無料となる。

こうした新たな自動車の登場による社会の変化には次のようなことが考えられる。

①携帯電話のように、日々自宅で翌日分を充電・利用することになるため、充電量や利用の仕方の工夫により、これまでの自動車にない付加価値を生み出せる。

②充電と合わせて通信が可能であることから、車内で音楽、ナビ情報をダウンロードすることも可能。

③長距離移動用には新幹線等の公共交通を利用し、短距離移動用にはＥＶを利用するなど、ライフスタイルに合わせた低炭素型移動手段の組み合わせが可能。

④太陽電池とＥＶが普及すれば、家庭内の家電製品を直流で駆動させることが可能となり、交流―直流の変換ロスを大幅に低減可能。

⑤個人住宅内の太陽光発電の活用によるオール電化ライフが可能。

⑥外出先での買い物中や食事中、高速道路のパーキングエリアでの休憩中等に急速充電することが可能。

⑦近距離移動や観光地等でカーシェアリングやレンタカーシステムの導入が可能。

◆電池リサイクル事業化への取り組み

リチウムイオン電池は、何度も繰り返し充放電できる２次電池の一種である。１９９０年代に日本メーカーが世界に先駆けて実用化し、現在ではノート型パソコンや携帯電話向けに広く普及している。

従来のニッケル水素電池と比べ、体積や重量を半分以下にできることからハイブリッド車（ＨＶ）やＥＶなど環境対応車の走行性能を高める基幹部品となっている。リチウムイオン電池は、太陽光や風力といった自然エネルギー発電の蓄電池装置としても注目されている。

しかし、リチウム資源はチリやボリビアなど南米に集中するなど、次世代自動車の不可欠な資源には地域偏在性、供給偏在性のあるものが多く、安定確保が重要な課題となっている（**表1・3**）。

こうした状況の中、日本では電気自動車の価格低下と電池原材料調達の安定化を狙って、素材や自動車大手が電池リサイクルの事業化を計画している。電池は電気自動車の製造コストの半分を占めると言われている。電池の生産に必要なレアメタルの輸入依存度が高いために、原料調達価格が不安定となりやすい現状に対して、リサイクルによって一定量の原料を確保し、原料調達を安定化しつつ生産コストを抑えようというものである。

電気自動車向けの充電設備の設置拡大とともに、電池リサイクルの仕組みをつくることによって、循環型の都市インフラの整備で世界に先行し、環境車の市場拡大にも弾みをつける狙いである。２０１０年2月の段階では

表1・3　自動車に使用されるレアメタルと主な供給国

部品・用途	使用されるレアメタル	主要な供給国
強力モーター	・強力な固体磁石が不可欠であり，日本開発のネオジム－鉄－ボロン磁石が必要	・ネオジム：中国
	・その温度特性改善（高温環境下でも高磁力）にジスプロシウム添加必要	・ジスプロシウム：中国
高エネルギー密度・軽量の二次電池	・現行のニッケル水素電池に代わり，高エネルギー密度で軽量のリチウムイオン電池が必要・部材としてリチウム，コバルト，マンガン等を使用	・リチウム：チリ
		・コバルト：コンゴ
		・マンガン：南アフリカ
小型・軽量・安価な燃料電池	・燃料の改質（ガソリン等から水素）や，水素と酸素の反応電極に触媒としてプラチナが必要	・プラチナ：南アフリカ
排ガス浄化触媒	・排ガス浄化触媒に白金属の３元触媒（プラチナ・パラジウム，ロジウム）が不可欠	・プラチナ：南アフリカ
		・パラジウム：南アフリカ
		・ロジウム：南アフリカ
軽量・高強度ボディ	・高弾力鋼に，ニッケル，クロム，モリブデン，バナジウム等の添加が必要	・ニッケル：インドネシア，ニューカレドニア
		・クロム：南アフリカ
		・モリブデン：チリ
		・バナジウム：南アフリカ

出典：経済産業省次世代自動車戦略研究会（第１回）・配付資料「自動車産業を巡る現状と課題」より作成

新車販売台数（軽自動車を除く）の１３・５％をハイブリッド車が占めた。環境車の普及に従って２０１０年代以降、それらの廃車が増加することに対応して、電池リサイクルで世界に先駆けることを目指すものである。

例えば、自動車、素材メーカー等が共同で電池の回収網を構築し、ハイブリッド車で一般的なニッケル水素電池からは、粉砕後、非鉄製錬技術の応用で不純物を分離し、ニッケルやコバルトの９５％以上を回収することが計画されている。今後、環境車で増加するリチウムイオン電池からは、リチウムを取り出す試験が始められる予定である。

アメリカ・ベタープレイス社では、ＥＶ本体を低価格で販売し、使用するバッテリーのレンタルでビジネスを成立させることを計画している。こうなれば自動車は従来とは全く異なるコンセプトでとらえられることになる。こうした方向性が低炭素社会や資源の効率的利用に資することが期待される。

複雑な制御が必要なＨＶと比べて、ＥＶはパワーソース（動力源）がモーターだけでシンプルであるため技術的な敷居は低いと言われ、２０１２年までに４２車種に上るＥＶと大容量バッテリーを搭載した家庭用で充電可能なＰＨＶが発売される予定である。

ＥＶやＨＶに否定的だったアメリカでも、グリーン・ニューディール政策により、ＥＶ、ｐＨＶの開発に総額２４億ドルもの政府補助金が投入されている。このような点からもバッテリーコストは大幅に下がることが予想され、新興国のＥＶ開発と合わせて、今後、急速に普及が進む可能性がある。

充電施設等のインフラ整備、電池の耐用期間、発電源等も含めてトータルに見た場合、ＥＶが低炭素社会構築にどれぐらい貢献するのかは不透明である。しかし、石油の資源的な制約から考えてもエネルギー効率の低いガソリンエンジンからの脱却は避けられない面もあり、自動車利用を含むライフスタイルの工夫（カーシェアリング、ＥＶの短距離のみでの利用等）を含めて、今後、全体として低炭素となるように自動車利用を考えていく必要がある。

4 スマートグリッド構築への取り組み

新しいエネルギーネットワーク構築への関心が高まっている。これは、社会を持続的に発展させながら、低炭素社会を実現することを目指すためのものである。特に脆弱なエネルギー供給構造問題を持つ日本では、

①エネルギー供給を安定的に維持し、かつ、ネットワーク内で地産地消的にエネルギーをやりとりすることによってエネルギー自給率を高めること、

②太陽光・風力、バイオマスなどの再生可能エネルギーの利用を促進することによって低炭素社会に導くこと、

③家庭の太陽光発電量や電力消費情報をリアルタイムで把握すること、

④分散型で不安定な再生可能エネルギーの弱点を電力や都市ガスなどの大規模安定型ネットワークと補完し合うネットワークを構築すること、

などが課題となっている。日本でも既に再生可能エネルギー電力の導入に伴い、必要となる電力需給システムの進化への方向性が検討されている。

欧米では従来の大規模電源を中心とする集中制御に、分散電源などによる協調運用を組み合わせることが「スマートグリッド」という概念で検討されている。

スマートグリッド導入への背景や目的は、各国の事情によって少しずつ異なる。ここではその一端に触れて、スマートグリッド導入への考え方が多様であることを示す。その上で、ドイツがどのような方向を目指しているのかを具体例によって紹介する。

◆スマートグリッド導入への動き

スマートグリッド（次世代送電網）は、新たな電力網への制御通信システム導入により、

①既存の発電設備に加えて、太陽光発電等の分散型電源や蓄電池の統合的な制御が可能、

②発電所から消費地まで、電力網全体の監視コントロールが可能、

③消費者と電力会社が双方向でデータのやりとりをすることが可能、

などが特徴となっている。

また、ＥＥＩ（エジソン電気協会：電力会社や専門家の集まり）によるスマートグリッドの定義では、

①消費者に送配電系統の状況（価格や信頼度）に反応できるような情報・ツールを提供する、

②送配電系統の効率的な利用を促す（既存の電力設備と新エネルギーや蓄電池等の新しい技術を融合させる）

③供給信頼度を向上させる（サイバーテロ、自然災害から送配電系統を守り、電力の品質を向上させるとともに、系統の自己回復機能を持たせる）、

とされている。

こうしたことから、スマートグリッドとは特定の技術や設備ではなく、こうした概念を示す用語と考えられる。

スマートメーターは、スマートグリッドを支える中核的な技術であり、その基本となる役割は、自動検針と電力の供給・使用状況等の「見える化」である。

スマートメーターは双方向性を持った電子メーターであり、その特徴として、①通信機能を持つこと（遠隔検針が可能、電力利用状況の把握が可能）、および②管理（制御）機能を持つことがあげられる。例えば、1時間以内の短い時間における消費電力を計量し、計量データを蓄積・表示できる。顧客への送電の停止・開始（家庭内機器の制御）もできる。

オバマ政権では、不況対策法案である「経済対策法」（２００９年1月）の中で「エネルギー効率向上」、「環境保護」を大きく掲げている。予算としては、送配電およびエネルギー供給の信頼度向上に多額の基金を追加配分することを決めた。これにより、電力網の近代化、需要反応プログラム、エネルギーインフラの安全性・信頼度の向上、エネルギー貯蔵装置の開発・実証・配備を図ろうという計画である。この実現に下院予算委員会（経済対策法）報告書では多額の予算をスマートグリッド投資プログラムに充当することを決め、２０１０年度大統領予算教書（２００９年2月）でもスマートグリッド研究開発費を要求している。

以上のように、スマートグリッドが政策の実現に大きく関与している。その実現の目的として米国では老朽化した電力網の近代化が重視されていることがわかる。

この狙いには、

①脆弱である電力網（特に長距離送電網）の更新・増強、

②再生可能エネルギーの大量導入への対応、
③景気対策・雇用政策、国際競争力の強化、
④主にデマンドレスポンスによる省エネルギーの推進、
が考えられる。

電力の供給遮断や停電により多大な損失をもたらしている米国では、電力網の改善、信頼度の向上、セキュリティーの観点から、①が最も重視されていると考えられる。④についても、米国では電力料金が安いため、旅行中や夜間にエアコンや照明をつけっぱなしということも珍しくなく、スマートメーターにより効果を「見える化」することにより、省エネルギーを促進することが必要となっている。

欧州では2006年のEU電力指令により、使用量に即した料金請求と使用量の把握が可能なメーターの設置、エネルギー消費に関する統計データの提出を義務づけている。

EUの中ではイタリアのように、電力会社ENELが既に2005年末までに30億ユーロをかけて2700万台のスマートメーターを設置した国もある。

この主な目的は、供給を輸入電力に依存しているために、需要の抑制が電力会社、国家双方の課題であったことや、大規模な盗電による被害を防止することにあった。欧州諸国の中には、検針頻度が低く（1～数回／年）、適切な料金請求ができなかったことへの対応策としてスマートグリッドの導入を計画している国もある。EUにおけるスマートグリッドの概念図は図1・6に示すとおりである[12]。

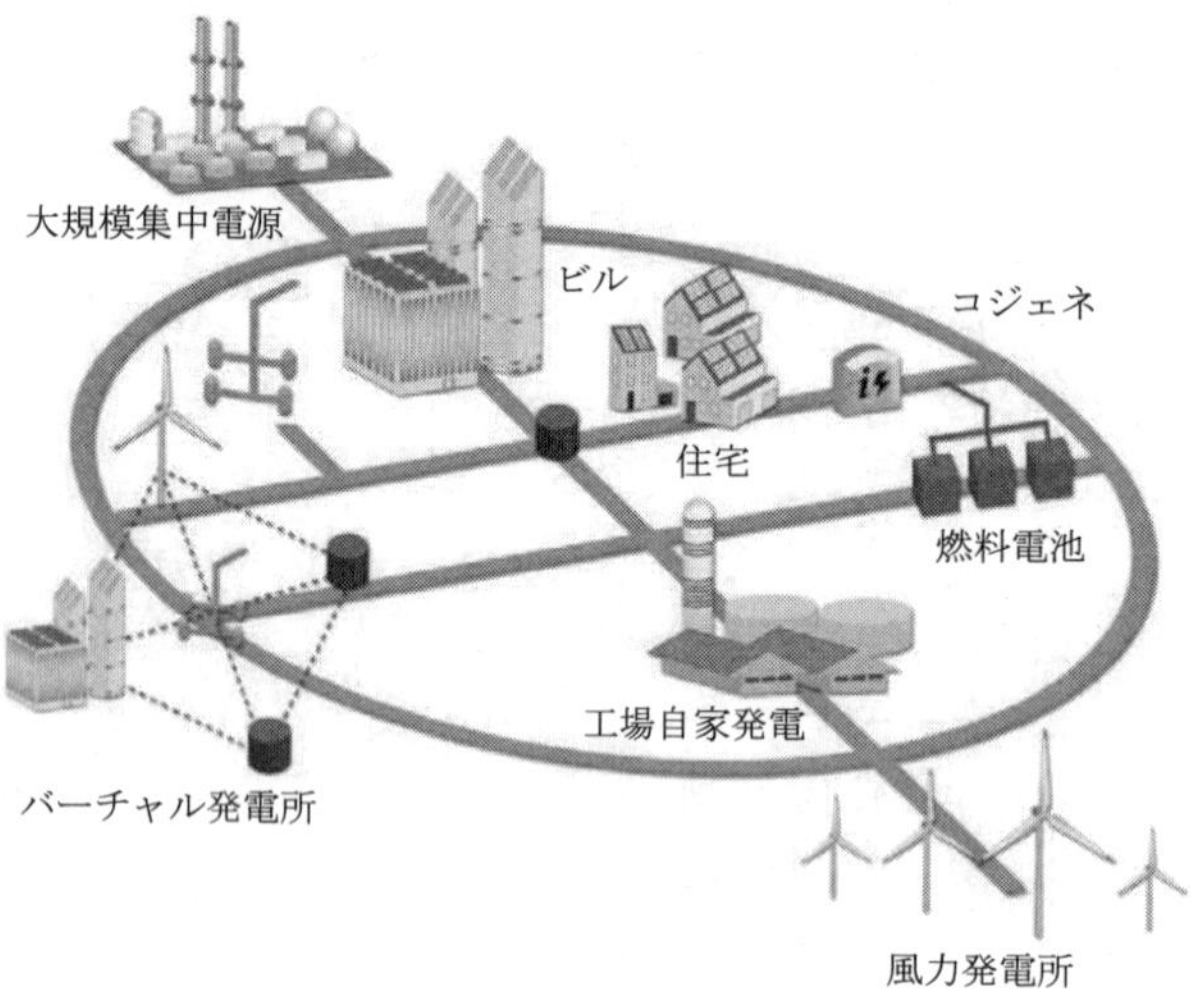

図1・6　スマートグリッドの概念図（EU）

出典：European Technology Platform SmartGrids EUR 22040 Vision and Strategy for Europe's Electricity Networks of the Future
（http://ec.europa.eu/research/energy/pdf/smartgrids_en.pdf）

◆ドイツの「Ｅ‐Ｅｎｅｒｇｙ」プロジェクト[13]

日本ではＩＣＴ（Information and Communication Technology：情報通信技術）を活用した、エネルギー利用の高度化を進めるための新しいシステムの構築が模索されている。この目的は、双方向型の利用により、供給側ではエネルギー供給の効率性を高め、需要側での快適性や利便性を向上させ、全体として省エネルギー化、および安全性を高める次世代型のネットワークを構築することである。

ドイツでも同様のことを目的としたプロジェクトが実施されている。ここでは、「Ｅ‐Ｅｎｅｒｇｙ　ＩＣＴに基づく将来のエネルギーシステム」報告書（２００８年４月）[13]から、その概要を紹介する。

(1) 位置づけ

本プロジェクトは、連邦経済技術省が２００７年から発足させたもので、メルケル首相がＩＴ首脳会議（州の代表者と連邦議会で構成）で将来の方向性を示すという意味から、「国家の灯台プロジェクトになる」と位置づけた重要なプロジェクトである。

Ｅ‐Ｅｎｅｒｇｙとは、E-Commerce（やりとり）、E-Government（政治）に関わる要素技術を通してエネルギーシステムを構築するという意味である。すなわち、エネルギーに関するすべての活動、情報はデジタル化し、コンピュータを媒体としてエネルギー供給を制御する。そのことによって、電力を入り口として、これからの社会全体の方向を転換し、次世代の方向を示そうというものである。

このような新しいシステムは、電力が保存しにくいこと、需要と供給に応じた制御が必要、コンピュータの介在が必要といった意味からも期待されている。さらに、このプロジェクトの実施により、雇用を増加させ、新しい市場も開拓できる。

(2) 目　標

まず、ドイツ国内でモデル地域を選定して、情報とコミュニケーション技術の最適ポテンシャルを明かにする。そのうえで、経済性、電力の供給安定性、環境配慮性の観点からどう実施すればいいのかを明らかにする。

(3) コンペのテーマと条件

本プロジェクトの発足に当たっては、具体的なモデル事業をあげることが可能である。この分野のイノベーションの促進を狙って、モデル事業を選考するために、次の３つのテーマに基づいてコンペが行われることになった。

なお、この企画は連邦経済技術省だけでなく、環境省と一体となって行っているプロジェクトも含めて考え出されたものである。最終的なモデル事業数は６つである。予算規模は、国からの補助金が６千万ユーロ(約８０億円)、プロジェクト参加企業からの資金を合わせると１億４千万ユーロ(約１８０億円)である。

テーマは以下のとおりである。

①Ｅ-Ｅｎｅｒｇｙ市場を設立し、各利害関係者との情報ビジネス上の手続きをすべて電子化すること。

②Ｅ-Ｅｎｅｒｇｙ市場に関する技術システムと部品、またはそれに基づく制御と管理活動をすべてデジタル化して、ＩＴ技術を適用できるようにする。このようにして、自己制御、自動分析を確保するシステムを構築する。

③電子化されているエネルギー市場と技術システム全体をオンラインで結びつけ、リアルタイムでビジネス活動と技術活動を制御できるようにする。

以上がテーマとされたのは、エネルギー事業とインターネットシステムを結びつけることによって、包括的なアイデアを生み出すことが目的とされたためである。

また、情報技術、コミュニケーション技術を電力市場に導入することによって、様々な手続きを簡素化、促進することが可能だからである。同時に効率的かつ瞬時に、透明性のある形でエネルギーの供給と需要、それらに相当するサービスをコントロールすることが可能になる。

コンペへの参加条件としては「単に技術の進歩に基づくだけではなく、従来の組織変更と大胆な枠組みの変更を促す提案とすること」が示された。また、対象モデル事業だけでなく、３つのテーマに向けた様々な成功例により一般化できるノウハウ、かつＥ-Ｅｎｅｒｇｙ技術をよりはやく普及促進するための協力組織をつくることも目的の一つとされた。

例えば、ある業界のビジネスモデルを別のビジネスに応用して標準化することによって、安全性の確保、個人情報の管理、法律の改善、新しいサービスのビジネスモデルの構築、ＥＵ内での協力体制の充実、国際化に役立てることも可能である。

グローバルな立場から見ると、ＩＣＴは現在、人類が直面しているエネルギーと気候変動の問題に対して重要な役割を果たす。

２００８年3月にコンピュータに関する世界最大の博覧会であるＣｅＢＩＴが開催された。それを機に、以下の2つの面から、既に「グリーンＩＴ」としてＩＣＴの重要性が認識されている。

①ＩＣＴに関与している企業が、どこまでＩＣＴが原因となっているエネルギーの使用量の削減が可能かを把握できる。

②ＩＣＴがエネルギーのポテンシャルをどこまで最適化できるかを把握できる。

博覧会の開催スピーチは欧州委員会のバローゾ委員長が行い、スマートグリッド・イニシアティブがＥＵに発足したことを述べた。ＥＵとしてのみでなく、米国でもこのテーマに積極的であることもわかった。

特に、エネルギー分野では技術革新や最新の技術の影響で、新しい課題がデジタル方式やコンピュータでも解決できないことがある。

例えば、電力の自由化によって末端消費者が発電市場に簡単にアクセスできるようになったことからもわかるように、市場関係がより強い競争にさらされるようになり、複雑になってきた。

エネルギー発電システムの複雑化を促進しているのは発電源の分散化である。その結果、単に分散化ではなく、様々な技術面と組織管理上の新しい問題に直面するようになってきた。例えば、大型集中発電所から、小型分散型で天候に左右される発電所への転換である。それぞれの発電所の仕組みと機能は、従来の一方行の独占型発電・送電システムから、国境を越えた双方向型発電システムへの転換を促すことになった。このことによって、それぞれの顧客層に合わせたビジネスモデルを工夫することが必要となってきた。

こうした事態は、自由化が電力発電と送電を複雑にしたことから起こっている。電力がわずかな時間しか保存できないという特性からは、発電と使用を常時、バランスのとれた形にしておく必要がある。現在、直面している大きな課題である気候変動によって、エネルギーの需要拡大に対して、減少し続ける化石燃料の問題にも新しい解決法が求められている。

したがって、再生可能エネルギーシステムの開発、拡大する方策として、エネルギー効率を高める努力が欠かせないうえに、温室効果ガスの排出量を削減するためにも必要になっている。

このような背景のもと、「灯台プロジェクト」であるＥ-Ｅｎｅｒｇｙへの取り組みは重要なプロジェクトとみなされる。

中心的な課題は、どのようにインターネットビジネスと法律の両面から効率よく実施できるかである。発電側では天候によって左右される再生可能エネルギーを使いながら、知的組み合わせによって様々なエネルギー源を束ねていかなければならない。消費側としては、オンラインシステムと制御システムを活かすことによって、電力利用を平滑化する必要がある。

特に重要なのは、一方向のみでなく双方向性を活かして、天候に左右される供給と消費側のバランスを効率よく制御する技術を実現することである。

この実現に向けて重要な役割を果たすのが、電力使用メーターである。これからは従来のものからスマートメーターへと更新される。この新しいタイプのメーターによって、だれが、いつ電力を使っているのかを測定し、かつ制御することが可能になる。

(4) 選定されたモデル事業

モデル事業を募集したところ、２８のグループまたは企業からの応募があった。この中から連邦経済技術省が６つの優秀な企画を選んだ。

それぞれのモデル事業の特徴は以下のとおりである。

①Ｅ-ＤｅＭａ　ルール地方（エッセン市）のプロジェクト

従来の発電事業では供給者と消費者が区別されるが、本プロジェクトでは消費者という概念が存在しない。新しい単語として「Prosumer」が登場する。単語の前半のPro(producer)では自らが発電を行うことによってネットワークに供給することを意味し、後半のsumer(consumer)で必要に応じて消費することを意味している。こういった、電力の供給-消費に関して従来と全く異なる概念が提示されていることが特徴である。

このプロジェクトが果たす重要な役割は、従来の末端消費者が、単に供給を受ける立場になるのではなく、与える立場にもなることである。このシステムの中心は、ＩＣＴのゲートウェイ（別のコンピュータネットワークへの入り口となるネットワーク拠点)を通して、各家庭の家電製品の使用を制御することである。場合によっては、スマートメーターを活かすことによって、適切に制御する。

エネルギーの消費量を表示することによってProsumer は電力の価格情報を得ることができ、スマートメーターによって使用時間を決めることもできる。

②eTelligence　クックスハーフェン郡(ニーダーザクセン州)のプロジェクト

ルール地方と基本的には同じであるが、観光都市で緑が多いことから、観光ビジネスに合わせた地域全体の省エネルギー型サービスが考えられている。

観光を通して、観光客が他地域でできていることが自分の居住地ではなぜできないのか、という刺激がビールスのようにばらまかれることも狙いの一つである。

③ＭＥＲＥＧＩＯ　バーデン(バーデン＝ヴュルテンベルク州)のプロジェクト

目標は２０２０年までに包括的な概念に基づいて、CO_2排出量を１９９０年比で２０％削減することである。そのことによって、この地域のエネルギー供給システムを温室効果ガス排出において最適化する。実施に当たっては以下の3つに焦点を当てる。

・発電側でのＥ-Ｅｎｅｒｇｙ市場の構築
・末端消費者との協力
・エネルギー需要と、それに関連するサービス産業の活性化

しかし、プロジェクトの目的は単に技術面かつ経済面において3つの分野に関する最適化を目的にしているだけではない。もう一歩進んで計画しているのは、ミニマムエミッション地域として認定されることである。つまり、プロジェクトの実施によって得た経験を基にして、ミニマムエミッション地域の基準をつくることである。

④マンハイム市のプロジェクト

このプロジェクトでは消費者側のエネルギー効率を改善することを目的としている。マンハイム市はかなり人口密度の高い地域なので、「Energybutler」(エネルギー執事：需給制御・管理を行うという意味)というシステムを導入する。これによって、消費者が瞬時にエネルギー使用量と価格を見ながら個人的に使用を制御することにより、最適な電力の供給-消費シス

テムを構築する。そのためには、ブロードバンド（高速通信大容量ネットワーク）、パワーライン（社会のすみずみまで送電する電力ケーブル網）といったインフラが必要になる。本プロジェクトではこれらを開発する。

⑤ハルツ地方のプロジェクト

本プロジェクトの目的は、揚水発電によって需要に合わせたエネルギーの再生化を行うことである。つまり、電力需要が比較的小さい時期において、太陽光発電の出力ピーク時に発生する余剰電力を昼間の揚水運転によって貯蔵し、時間をシフトさせて需要に回すものである。揚水運転による貯蔵とは、下部貯水池から上部貯水池へ水を汲み上げておき、昼前に水力発電を行うことによって電力を貯めておくものである。

こういった手法によって政治課題となっている温暖化防止対策を再生化によって支えることが可能である。電気モビリティに合わせて電気自動車の普及も実現する。さらに、自動車使用のパターンに合わせて充電するシステムも開発する。こうした組み合わせによって「インテリジェント自動車」とする。

⑥スマートワッツ地方のプロジェクト

スマートメーターによってエネルギーの使用と供給を制御するシステムを開発する。各利害関係者間の調整によって価格の適正な設定も行う。

◆EUとしての動きと今後の方向

ＥＵレベルではＳＨＳＧ（Smart House and Smart Grid）プロジェクトが進められている[14]。このプロジェクトの中ではスマートグリッドの拠点は個人の家となることから「スマートハウス」の概念および可能性が示されている。

スマートハウスの電力消費削減ポテンシャルは図**1・7**に示すとおり、最も大きいのはクーラー（冷房・冷蔵）・フリーザー：２９％であり、次に料理・乾燥機：１９％、洗濯機・食器洗い器：１７％、暖房：１５％、テレビ・娯楽：１２％、照明器具関係：８％である。

また、①ドイツのエネルギー消費の約２５％は家庭の器具による、②エネルギー消費の４０～５０％は変化する可能性がある、③将来には、ヒートポンプ、電気自動車、発電装置が使われる、④電気の使用の制限が可能な中、スマートハウスで鍵となる要素は、マイクロ発電機

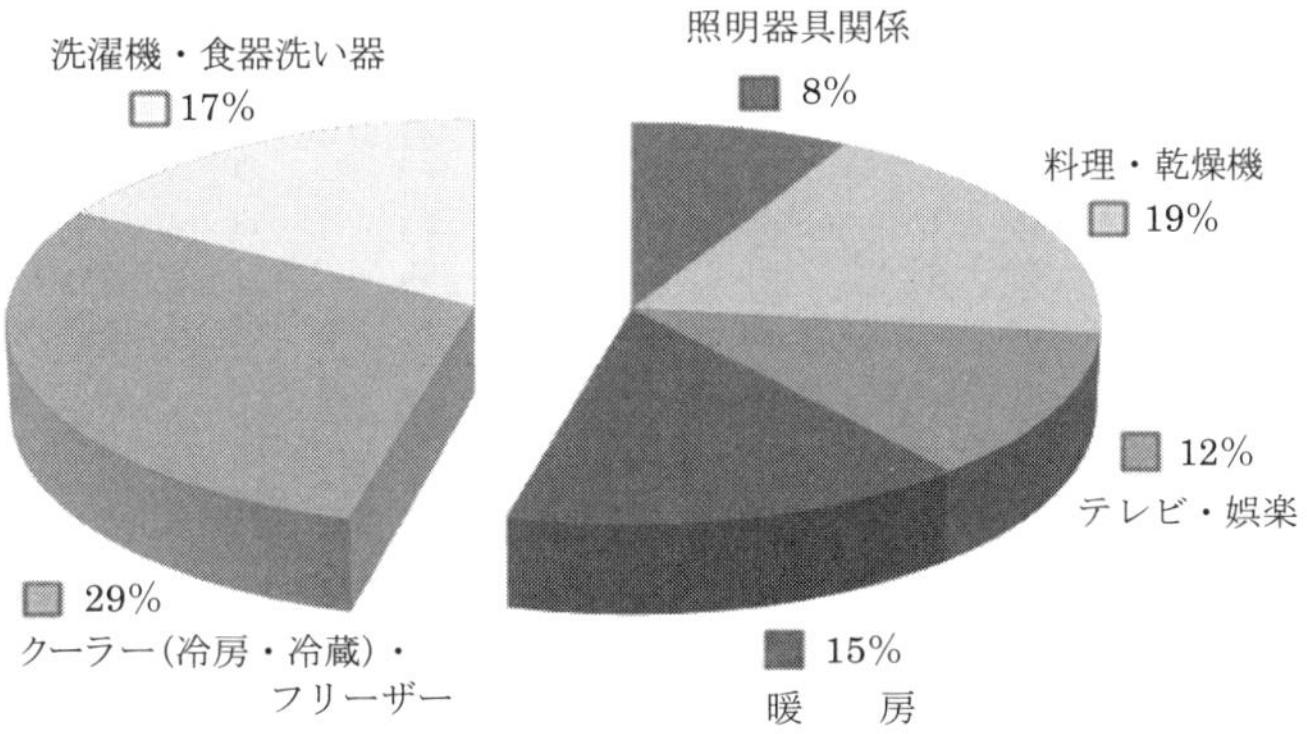

図1·7　スマートハウスの電力消費削減ポテンシャル

出典：Jan Ringelstein: "Smart House and Smart Grid", Symposium on European Energy Efficiency Strategies, Brussels（2009.10.20）

（燃料電池、ソーラーパネル等）の管理であり、将来は低電圧システムの開発制御が重要になると予想されている。

日本では、東京電力や関西電力など電力各社がスマートグリッド構築に向けた大型投資に乗り出すことが新聞紙上でも注目を集めた[15]。この報道では２０２０年までに関連設備投資は合計で１兆円を超える見通しであり、その頃には国内全世帯（約５千万）がスマートメーターに切り替わる見通しであるという。

この計画を推進するうえでは、直接的には設備費が電気料金に反映されることによる消費者負担の増加が懸念されている。もっと基本的なこととして、新しい送電網整備に合わせたインフラ整備、制度見直し、電気を保存する技術（蓄電池等）の開発など、課題も山積されている。

また、既に述べてきたように、日本におけるスマートグリッド構築の目的は、欧米とは少しずつ異なる。

しかし、他国で持続可能な社会の構築に関連づけて、スマートグリッドに接続使用することを基本とした製品が次々と開発されることが予想される中、スマートグリッド構築に消極的であると輸出入において日本製品が不利となることも考えられる。同時に、新興国の経済成長によって国際的にエネルギー需要が高まる中、今後とも化石資源に依存し続けることは不可能である。これらのことから、日本にとってもドイツにとっても、スマートグリッド構築に前向きに取り組むことが課題である。

5 スーパーグリッドの構築

独仏両政府は、太陽エネルギーに恵まれた北アフリカに大規模な太陽熱発電網を構築し、２０２０年には２０００万ｋＷの電力を太陽エネルギーにより発電する計画を進めている。ＥＵでは２０２０年までに全エネルギーの２０％を再生可能エネルギーで賄うという目標を掲げており、本計画は目標を実現するための有力な手段と位置づけられている。

◆欧州で進められているスーパーグリッド計画

ドイツで計画されているのは「デザーテック・インダストリー・イニシアティブ（以降、ＤＩＩと記す）」である。これは、ドイツのシーメンス、エーオン、ＲＷＥ、ミュンヘン再保険、スイスの重電大手のＡＢＢなど１２社が運営会社を立ち上げ、北アフリカのサハラ砂漠に大規模な太陽熱発電施設を建設するものである。２０１２年までの３ヵ年をかけて技術、経済、法律の３分野においてフィージビリティ調査を行い、民間主導でプロジェクトを実施するものである。

総額４千億ユーロ（約４４兆円）が投じられる予定で、大まかな構想では２０５０年までに欧州大陸の消費電力の１５％を供給できる計画である。同時に本プロジェクトでは、発電した電力の半分を北アフリカにも供給するほか、一部を水供給にも使うことが考えられている。

フランス政府で計画されているのは「トランスグリーン」と呼ばれる計画である。この計画は、モロッコ、アルジェリア、チュニジアなど地中海の南岸からフランス、スペイン、イタリアなど北岸にかけて海底に複数の高圧ケーブルを敷設し、欧州の送電網と連結するものである。

フランス政府のほか、アレバ、フランス電力などのフランス企業、スペインのアベンゴア、ドイツのシーメンスなどが参加する。

本計画は北アフリカにおけるＤＩＩによって発電した電力を効率よく欧州に供給するためのインフラとなる。

一方、北海では、北海周辺の地域の周りに約６０００kmのケーブルを張り巡らす「北海グリッド」が計画されている。これは、北海周辺の関係9ヵ国（ドイツ、フランス、ベルギー、オランダ、ルクセンブルク、デンマーク、スウェーデン、アイルランド、イギリス）を高圧直流ケーブルで結ぶものである。３００億ユーロ（約３・３兆円）の予算で実施することが予定されており、北海グリッドを土台に、ドイツが推進する大規模なＤＩＩと融合することによって、スーパーグリッドを構築する計画である。

スーパーグリッド構想は、欧州委員会のエネルギー研究所（ＩＥ）の科学者、フランスのサルコジ大統領、イギリスのブラウン首相の政治的バックアップを得て進められている。

地中海をはさんで、北アフリカの砂漠から北海までを高圧直流ケーブルで結ぶ構想が成功すれば、大規模な再生可能エネルギーの利用を期待できる。スーパーグリッドの特徴は、各地域の自然条件を活かして分散的に発電を行い、異なる種類の再生可能エネルギーを組み合わせる点である。このことで、再生可能エネルギー利用上の最大の問題である「不安定性」を克服できる。

ベルギー、デンマークではその地形的特性から波力を利用しやすい。スコットランド北海岸沖では風力を利用しやすく、ノルウェーでは水力を利用しやすい。それぞれは単独で安定的なエネルギー源とすることは困難である。送電網によって結ぶことができれば、不足する時には相互に補完できる。需要が低い時には保存しておくこともできる。

晴天が多く日光が強い北アフリカでは、太陽光と熱を反射鏡で集めて発電するのに適している。太陽熱でボイラーの蒸気を発生させ、発電タービンを回すという方法を用いれば、夜でも発電が可能になる。

このように、自然条件と技術を組み合わせれば、再生可能エネルギーを効率的かつ最大限に利用することができる。

こうした取り組みは、低炭素社会構築に向けた国際レベルにおける新たな基盤となる可能性がある。社会に与える波及効果も大きく、設備投資等による経済的効果、それに伴う雇用拡大、欧州が自前のエネルギーで電力を確保できることによる安全保障の向上などが考えられる。

さらに、ＥＵ側から見れば新たな社会基盤を構築し、全エネルギーの２０％を再生可能エネルギーで賄う目標を達成するための有力な手段となる。コストのかかる初期段階で欧州が投資すれば、再生可能エネルギー市場が発展していない北アフリカ側にも有益な面がある。また、アフリカが持つ巨大なエネルギーは、アフリカ諸国にとって重要な権益になっていく可能性もある。

しかし、途上国の自然を利用して発電することが計画の核であること、複数国間を送電網でつなぐものであることからも、本計画には、先進国と途上国、中東と欧州、EU加盟国と非加盟国、キリスト教圏とイスラム教圏など、地域間の利害をどう調整するかという大きな問題が含まれている。

◆デザーテック・インダストリー・イニシアティブに到るまでの構想

ドイツで計画されている「デザーテック・インダストリー・イニシアティブ（DII）」は、2つの研究機関の代表者であるカッセル大学 Gregor Czisch 教授が1999年に発表した報告書[16]が大きな影響を与えている。2つの研究機関とは、ISET（ドイツ・ヘッセン州にあるカッセル大学のソーラーエネルギー供給技術研究所）と、IPP（ミュンヘンにあるプラズマ物理学マックスプランク研究所）である。Czisch 教授は物理学者であるとともに、再生可能エネルギーに関する有識者である。

報告書は以下の項目から構成される。ここではその主な内容について概要を紹介する。

・ヨーロッパとアフリカのソーラーエネルギーの現状
・年間の変動

写真1・1　パラボラファロウ型集光器

・パラボラファロウ型集光器（写真1・1）の最適技術
・予測される発電と送電のコスト
・まとめ
・再生可能エネルギーを基盤としたヨーロッパとアフリカの送電連携に加わる国のメリットとデメリット
・ヨーロッパと隣国

の再生可能電力供給のビジョン

(1) ヨーロッパとアフリカのソーラーエネルギーの現状

ソーラーエネルギーの利用に関して、最も重要なパラメーターは局地的な光線とソーラーエネルギーの供給量である。典型的な中央ヨーロッパの地点における年間平均値を基準にした場合、ソーラーエネルギーの供給量の割合は、地中海近くの海岸、北アフリカ（緯度１０～２５度以内）では、１：１・８：２・４になる。つまり、１０００：１８００：２４００／（㎡・年）となる。

(2) パラボラファロウ型集光器の最適技術

ソーラーエネルギーを効率よく使うには、パラボラファロウ型集光器が最も適切である。この技術は、総発電量３５０ＭＷ（メガワット）で、信頼性が高くて年間平均のエネルギー変換効率は１５％に達している。この技術で設計されたソーラーコレクターファーム（集光畑）の費用は、反射板の面積１㎡当り１８５ユーロ（約２万円）である。発電所のコストはｋＷ当り５２５ユーロ（約６万円）である。

現状（１９９９年）では、化石燃料を使った発電を１日中行う必要がある。連続運転を可能にするもう一つの方法は、ソーラーコレクターファームで収集した熱を一時的に保存することである。こうすれば、化石燃料が不用となることもある。

この方法を実施した場合に必要な蓄熱器の費用はｋＷｈ当り６０ユーロ（約６６００円）と試算されている。

一方、同じ出力電力を得るためにソーラーコレクターファームの面積を拡大する必要がある。このようにした場合には、化石燃料は完全に不用となる。

(3) 予測される発電と送電のコスト

予測される発電に関わるコストは表１・４に示すとおりである。また、表１・５には北モロッコから高圧直流送電を行った場合に予測されるコストを示している。

この発電システムを大規模に市場導入した場合、ＳＹＮＴＨＥＳＩＳ発電所のデータに基づいて試算すると、現在（１９９９年）においてモロッコの発電コストは５・７５セント／ｋＷｈであるが、最もソーラーエネルギーが高いエジプトのアスワンでは４・５セント／ｋＷｈになる。北アフリカから中央ヨーロッパに送電する場合は、モロッコの発電コストでは６・５セント／ｋＷｈ、アスワンの発電コストでは6・0セント／kWhとなるが、この費用で送電することは不可能である。

(4) まとめ

まとめとしては以下のことが書かれている。

・北アフリカの再生可能エネルギーによる発電ポテンシャルは高い。

・現在のパラボラファロウ型集光器の技術でも、EUで必要な電力の100倍以上を発電することが可能。

・発電に必要な土地面積は、北アフリカにある砂漠だけの面積の数％以内である。

・北緯10度から南エジプトまでが条件としては最も良

表1·4　予測される発電に関わるコスト

	推定された数値	設備投資コスト
蓄熱を行う場合のソーラーファーム拡大係数	2.5	
蓄熱能力	8時間（フルキャパシティ：100% で蓄熱した場合）	
ソーラーファームの面積	185 ユーロ /m^2	2 760 ユーロ /kW
蓄熱庫	60 ユーロ /kvh	480 ユーロ /kW
発電設備	525 ユーロ /kW	525 ユーロ /kW
総投資額		3 765 ユーロ /kW
寿命	25 年	
発電量（年間）	5 100 時間	
運転費用	設備投資費用の 2% / 年	
保険費用	設備投資費用の 1% / 年	
利子率	5%	

表1·5　高圧直流送電網に関わるコスト

	推定された数値	設備投資コスト
能力段階	5GW	
公称電圧	+ − 600kV	
電線の構造	ダブル両極性（ダブルバイポール）	
送電距離	2,500km	
変換器	2 × 60 ユーロ /kW	120 ユーロ /kW
架空線	70 ユーロ /(kW・1 000km)	175 ユーロ /kW
海中ケーブル	700 ユーロ /(kW・1 000km)	35 ユーロ /kW
総投資額		330 ユーロ /kW
寿　命	25 年	
運転費用	設備投資費用の 1%	
利子率	5%	
送電損失	7%	

い。

・現在わかっているのは、北アフリカで生産された電力の輸送コストと損失を考慮に入れても、電力価格は北アフリカの西側の国に比べて安くなる可能性がある。

エジプトからの電力は西北アフリカに比べて安い可能性がある。

・それぞれの国には異なった事情があるため、政治と経済について調整することが課題である。

・風力発電の場合は、現在の送電技術では再生可能エネルギーを人口密度の低い国から少ないコストで供給できるようになっている。

(5) 再生可能エネルギーを基盤としたヨーロッパとアフリカの送電連携に加わる国のメリットとデメリット

現在、直面しているのは、CO_2問題とともに、限られた天然資源を利用した新しい発電方法を考えることである。本報告書に書かれているように、発電所が４０００㎞以上離れていても、低いコストで電力を供給できる可能性がある。したがって、ＥＵ各国にとっては魅力ある選択肢となる。

これから、より積極的に再生可能エネルギー技術の開発に力を入れる理由は、地中海周辺での年間雨量の激減である。１９５１年から１９９１年にかけての年間平均雨量は、最悪の場合７０％にも達していなかった。

北アフリカの地域では、減少割合は２０～４０％である。このような測定結果は、現在開発されている気候変動モデルの試算とよく一致している。既に雨量の少ない地域では、このような変化は深刻な影響を与えると予想される。このため、北アフリカの各国が連携することはごく自然なことと考えられる。

また、北アフリカの途上国にとっては、エネルギー輸入の費用は、国家経済に大きな負担となっていることがある。例えばモロッコにおけるエネルギー輸入の費用は、輸出による利益額の約２５％である（１９９９年）。

パラボラファロウ型集光器の発電所は建設しやすい。そのため、モロッコ国内でも様々な企業に波及効果がある。その結果、深刻な失業問題を緩和することができ、エネルギー輸入が原因になっているコスト負担を削減することも可能である。

(6) ヨーロッパと隣国の再生可能電力供給のビジョン

新しい技術の目標は、図1・8のような仕組みになる可能性がある。様々な発電技術の可能性を比較することによって、再生可能エネルギーの供給変化の幅を緩和することが可能である。それに加えて、新しい発電技術（地熱、バイオマス等）を開発することによって、より自由度が高まる。風力に関しては風向きに合わせて発電する技術によって発電コストに良い影響を与えることも考えられる。

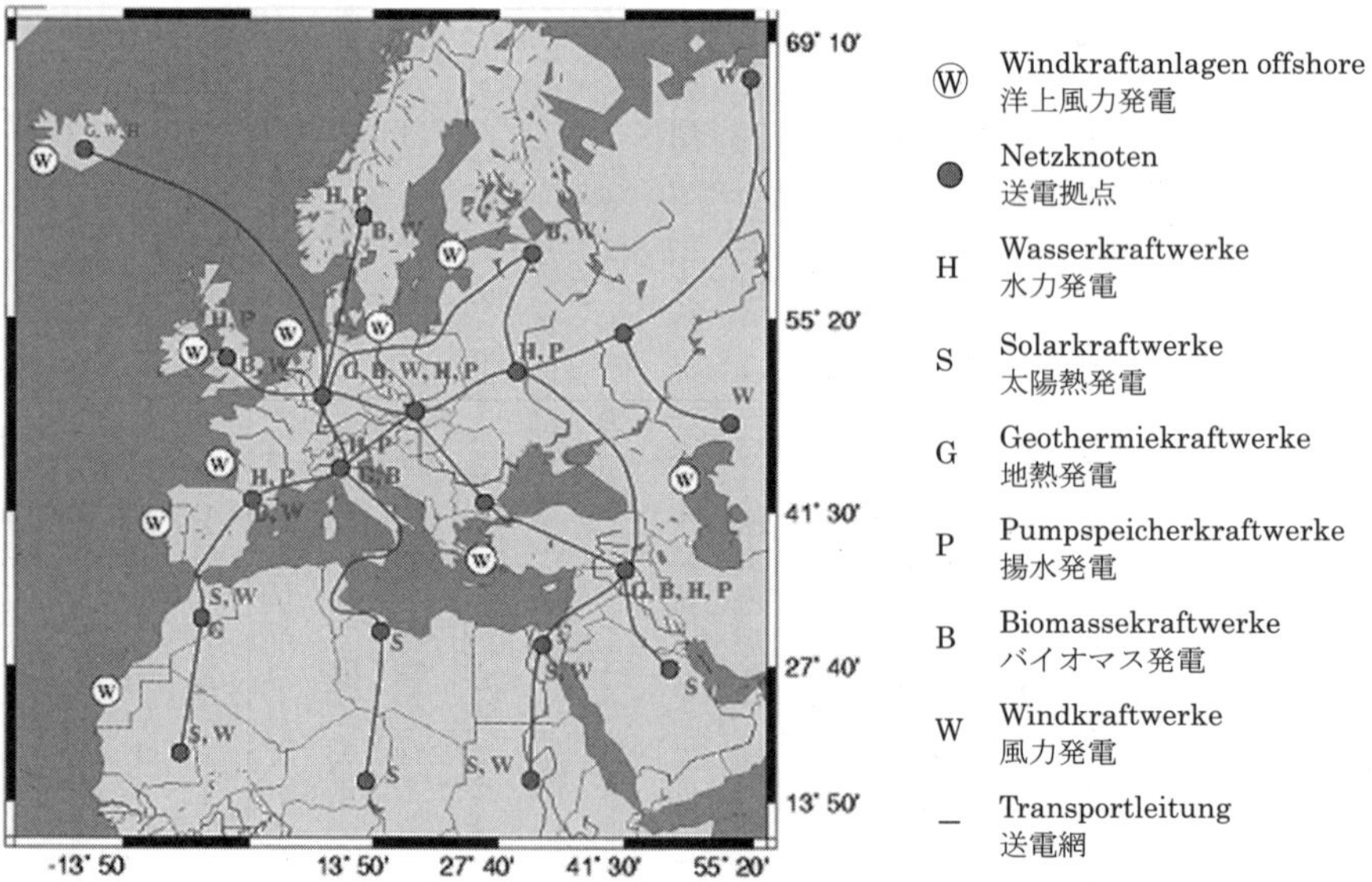

記号	ドイツ語	日本語
Ⓦ	Windkraftanlagen offshore	洋上風力発電
●	Netzknoten	送電拠点
H	Wasserkraftwerke	水力発電
S	Solarkraftwerke	太陽熱発電
G	Geothermiekraftwerke	地熱発電
P	Pumpspeicherkraftwerke	揚水発電
B	Biomassekraftwerke	バイオマス発電
W	Windkraftwerke	風力発電
―	Transportleitung	送電網

図1・8　ヨーロッパと隣国の再生可能電力供給のビジョン

6　スーパーグリッドの構築をめぐる問題点

ドイツで計画されている「デザーテック・インダストリー・イニシアティブ（ＤＩＩ）」、それによって発電した電力を効率よく欧州に供給するための送電インフラとなるフランス政府による「トランスグリーン」計画は、ともに再生可能エネルギーを最大限に活用した未来社会を期待させる。

しかし、前述したように、本計画には先進国と途上国、中東と欧州、ＥＵ加盟国と非加盟国、キリスト教圏とイスラム教圏など、地域間の利害をどう調整するかという大きな問題が含まれている。

その例として、ここではイスラム教新聞に掲載された記事[17]の要約と、あるドイツ人が述べているＤＩＩ計画に対する考え方[18]を紹介する。

◆デザーテック計画への抵抗[17]

ドイツ出身のＥＵコミッショナー（政府委員）であるエッティンガー（Oettinger）は、これから5年以内に北アフリカでＤＩＩのモデルプロジェクトを開始すると発表した。

これにはアルジェリアからの猛烈な反対がある。エッティンガーはＤＩＩに関する重要な前提条件を明確にした。これは、マグレブ国（maghreb：アラビア語で、アフリカ北西部を含む地域）は電力市場を統一することによって、ＥＵに系統的に太陽熱発電による電力を送電することになるというものである。

こうした北アフリカからのエネルギーの搾取は、ヨーロッパで主導権を握る国々の間の新しい競争を生み出すことになる。特にパリ（フランス）は、独自のエネルギープロジェクトであるトランスグリーン計画によって、ヨーロッパでのソーラーエネルギー供給の主導権を高めることを狙っている。

これから5年間においては、パイロットプロジェクトを砂漠で開始することになる。最初のプロジェクトの規模は、数百ＭＷ（メガワット）レベルのものであるが、長期的な大型プロジェクトであるＤＩＩはＥＵの話題をさらっている。

　ＥＵのエネルギー政府委員とモロッコ、アルジェリア、チュニジアの政府委員の話し合いは、ドイツ政府とＥＵ政府の立場から見てうまくいったという。

　３つのマグレブ国の大臣は、自国の電力の市場を統一化することによって電力産業を円滑にすることを承諾した。これによって、ＥＵ政府への送電はより安くなりそうなので、ＥＵ政府はマグレブ国での電力市場の統一化を２０００年から始めている。

　しかし、いまだにＤＩＩには見逃してはならない抵抗がある。特にアルジェリアからの懸念が高い。

　アルジェリアのエネルギー大臣は、２００９年秋、ＤＩＩに関してＥＵの最初のイニシアティブが開始されてから、スペインとドイツのＥＵ諸国以外にも世界銀行を含めて、北アフリカを対象としたかなり強い圧力が加えられそうだと述べている。

　エネルギー大臣は、例えば、ＥＵが北アフリカの国々にＥＵの法律と法令を基準とした産業界の製品を市場に出すべきだと述べていることを厳しく批判している。この主張は、特にソーラーエネルギー関連分野に関するものである。

　もしも、ＥＵの計画が実行された際には、大型のデザーテック発電所はヨーロッパの企業が建設することになる。その結果、アルジェリアの経済はエコエネルギープロジェクトによってはほとんど利益が得られないという懸念が強いからである。

　ＤＩＩプロジェクトによって製造された電力は、マグレブ国の需要を満たすものであるというドイツの発言に対し、アルジェリアの大臣は次のように述べた。

「外国人が来て彼らの発電所を我々のところで建設し、彼らが決めた電力価格で買うことを、我々は許し難い。」

　ＤＩＩプロジェクトに対する批判と、ＥＵの北アフリカを対象とした新型植民地主義への批判の声は鳴りやんでいない。

◆フランスの活動について―フランスを参加させる[17]

　新型植民地主義に基づく北アフリカのエネルギー資源搾取計画は、ヨーロッパの主導国間の競争を激化させる。

フランスはドイツが主導するＤＩＩに沿って、独自のエネルギープロジェクトを開始した。

計画によれば、トランスグリーンプロジェクトは、ＤＩＩプロジェクトと競合するものではなく、送電網の提供を目的とするものである。

この送電線はモロッコとスペインの間に既に存在するモデルプロジェクトとみなされる。それに合わせてさらに地中海に送電網を敷設することになるだろう。これだけならば、ＤＩＩプロジェクトを担当する方には別に反対はしない。うまくいけば、フランスを参加させることによって、ＥＵ間での軋轢を避けることが可能である。

◆自由市場[17]

ある苦い思いでアルジェリアの事情を知っている人は、北アフリカとヨーロッパとの間の電力の自由貿易が拡大されるとしても、人間の移動（旅行、移住など）ができないという不均衡を指摘している。

アルジェリアのエネルギー大臣は次のようなことを指摘している。

今までのエネルギーに関する交渉で対象となってきたのは、アルジェリアからＥＵへのエネルギー供給（電力と天然ガス）である。つまり、ヨーロッパのエネルギー保全に関するものだけだった。

しかし、アルジェリア側から見れば、相応のヨーロッパからの返礼を期待している。というのは、アルジェリア側からＥＵへの自由な人の移動という要求の実現は全く不可能と考えられるからである。

（現在のヨーロッパが考えている）「自由貿易」という単語の意味は、北アフリカから安い資源と消費財を購入し、高価な産業製品を北アフリカに販売することによってヨーロッパの富を増すことである。

一方、北アフリカから自由な人の移動を認めることになれば、ヨーロッパに蓄えた富を求める人数を増やすことにもなる。

◆あるドイツ人の考え方[18]

中央ヨーロッパのエネルギー需要を、再生可能エネルギーによる大規模発電によって満たすことを積極的に進めている人たちがいる。

一つの理由は、太陽熱発電、および風力発電を行うには、中央ヨーロッパと比べて北アフリカの方が有利な条件にあるためである。つまり、より安いコストで発電と送電を行うことが可能となる。

「大型発電所」というアイデアは特に発電会社と政治家によって取り上げられている。分散型の風力発電などと比べて有利であるという主張からである。この理由は、大手電力会社の経営者は小型発電所を好まないことによる。

大手電力会社は、このプロジェクトによって従来のエネルギー供給を独占し続けることができる。北アフリカでの大型発電所の計画によって、この役割をさらに拡大することができる。大型送電網の建設を合わせて実施することによって、従来の「集約的エネルギー供給システム」を「超集約的エネルギー供給システム」にすることができる。

しかし、このような計画の実現によって、太陽と風力によるエネルギーをより安く供給できるかどうかについては疑問が残る。

例えば、過去数年間にあった洋上風力発電を実施した方がよいという提案は、あまりにも楽観的であったことがわかる。なぜなら、生産能力の向上と管理、送電網の建設によって発生するコストをあまりにも軽視していたからである。

北アフリカへのエネルギー依存度に対する政治的リスク（筆者注：テロによる送電網の爆破など）は、完全に過小評価されている。さらに、低コストという計算があったとしても、中央ヨーロッパの消費者にとって電力が安くなるという説は甘い。というのは、この計画の支持者の考え方が、安い生産コストは安い販売価格を意味しているわけではないからである。

このことは、ドイツの大手電力会社４社の経営を見ればわかる。４社は現在、ドイツの発電能力の約８割、かつ送電網の１００％を握っている。２００６年の利益は約１７０億ユーロであった。こういった独占状態では、販売価格を下げる必要はないということになる。つまり、競争相手がいないので、販売価格が下がるという可能性は薄い。

さらに、このプロジェクトを実施するためにどれぐらいの時間がかかるのかが不明確だという問題もある。１０年かかるのか、もっとかかるのか。さらに、北アフリカには現在のところ太陽エネルギーを利用した発電所は一ヵ所もない。一方、ドイツには既に３０００ＭＷ級の太陽光発電施設と２１００ＭＷ級の風力発電施設が存在する。ドイツで行っているような独立した分散型発電をやめるべきだという方向には疑問がある。

◆北アフリカでの大型発電は必要[18]

にもかかわらず、北アフリカで大型太陽熱発電所、風力発電所を建設する必要がある。北アフリカの国々、その中でも特に大都市においてエネルギー需要は急激に増加するからである。

モロッコの場合、現在、エネルギー需要の約９７％を輸入に依存している。人口約１５００万人であるエジプトのカイロでは、未だに太陽および風力を利用した発電は行われていない。現地の需要を満たすには、再生可能エネルギーによる発電を進めるべきである。

ヨーロッパにエネルギーを供給するには海岸線でのエネルギー発電（風力発電など）、または屋根に設置したソーラーパネル、または他の発電施設で製造されたエネルギーが十分にある。

ヨーロッパ各地で実施されている再生可能エネルギー１００％イニシアティブは、既に模範となっている。したがって、従来の分散型の方法でエネルギーを供給することを考えた方がよい。

北アフリカではそれらの地域の事情と需要に合わせて、発電所の建設を進めるべきである。

●（第１章）参考・引用文献

[1] Handreichung zur Strom-Ausbauprognose der Erneuerbare-Energien-Branche: "Stromversorgung 2020 - Wege in eine moderne Energiewirtschaft", Bundesverband Erneuerbare Energien e.V., Berlin, 28. Januar 2009
[2] Strom-Ausbauprognose der Erneuerbare-Energien-Branche: "Stromversorgung 2020 - Wege in eine moderne Energiewirtschaft", Bericht des Bundesverbands Erneuerbare Energien e.V., Berlin, 28. Januar 2009
[3] Financial Times/Harris Poll: "European Reactions to President Obama Overwhelmingly Positive", Harris Interactive, Rochester, N.Y., January 22, 2009

[4] Verena Haart: 〝Im Abwrackfieber〟, ADAC Motorwelt, Vol.3, pp.30-34, 2009
[5] 低炭素社会づくり行動計画（閣議決定）、平成２０年７月
[6] 環境省「２００７年度（平成１９年度）の温室効果ガス排出量（確定値）について」
[7] 電気自動車導入による都市環境負荷低減効果の評価、電力中央研究所報告、２００９年７月
[8] 次世代自動車用電池の将来に向けた提言、新世代自動車の基礎となる次世代電池技術に関する研究会、２００６年８月
[9] 新世代自動車の本格普及に向けた提言～早期実用化と普及を目指す全方位的な施策の実施と連携体制の構築～、新世代自動車の基礎となる次世代電池技術に関する研究会インフラ整備ＷＧ、２００７年６月
[10] 平成２１年度電気自動車及環境整備実証事業（ガソリンスタンド等における充電サービス実証事業）―公募要領―、経済産業省資源エネルギー庁石油流通課、平成２１年６月１８日
[11] 「ＥＶ・ｐＨＶタウン」の選定結果について、経済産業省自動車課、平成２１年３月
[12] European Technology Platform SmartGrids EUR 22040 Vision and Strategy for Europe、s Electricity Networks of the Future (http://ec.europa.eu/research/energy/pdf/smartgrids_en.pdf)
[13] Michael Zinke: "E-Energy - IKT-basiertes Energiesystem der Zukunft", Bundesministerium fuer Wirtschaft und Technologie (BMWi) ,Berlin (2008.4)
[14] Jan Ringelstein: "Smart House and Smart Grid", Symposium on European Energy Efficiency Strategies, Brussels (2009.10.20)
[15] 日本経済新聞、２００９年１２月３１日付朝刊
[16] Czisch, Gregor: 〝Potentiale der regenerativen Stromerzeugung in Nordafrika ? Perspektiven ihrer Nutzung zur lokalen und grossraeumigen Stromversorgung〟, ISET/IPP, Kassel (1999.5)
[17] Oettinger will Sonnenenergie aus der Sahara nutzen — 〝Neokoloniale〟 Solarkolonien fuer Deutschland?, Islamische Zeitung, June 22, 2010 http://www.islamische-zeitung.de/?id=13466
[18] Irm Pontenagel: 〝Sonnenstron aus der Sahara — Zum Unterschied von Kosten und Preisen〟, Solarzeitalter (2007) 1, pp.1-2

第2章　新しい社会への転換期の対策

ドイツでは２０２０年までに蓄積地（日本でいう埋立地）の完全廃止を目指している。これは徹底的な物質循環、およびエネルギー回収によって、処分するごみをなくしてしまおうという画期的な計画である。

この他、製品を環境配慮型にすることによってコスト高となることが輸出入において不利となることを避けるために国境税調整も考えられている。また、ドイツ産業界ではリーマンショック後の国際規模の不況を脱出するための様々な具体策が考えられている。

本章では、新しい社会への転換期に向けて考えられているドイツの対策について紹介する。

1　ドイツの２０２０年までの居住地由来の廃棄物処理の戦略と見通し

ドイツでは地球環境問題を視野に入れた新しい廃棄物処理戦略が計画されている。

本章ではまず、２００５年にドイツ環境庁から出された報告書「居住地由来の廃棄物処理の戦略と見通し（２０２０年まで）」[1]について、その概要を紹介する。本報告書の目次は表２・１のとおりである。

この戦略は、蓄積地から発生するメタンやCO_2の排出による地球温暖化への影響を防ぐため、蓄積地を完全に廃止し、徹底的な物質循環、およびエネルギー回収を目指そうという画期的なものである。

◆ヨーロッパの廃棄物処理の概要と日本との違い

報告書の前提として、ヨーロッパおよびドイツの廃棄物処理の概要について説明し、日本との違いがわかるようにしておく。

（１）埋立中心のごみ処理

ヨーロッパにおける Waste to Energy への動向については、古市氏らによって詳しく紹介されている[2]。これによると、ヨーロッパ全体では埋立率が高い国が依然と

表2·1　報告書の目次［1］

1. はじめに
  1.1　2020 年の目標
  1.2　ドイツの廃棄物処理戦略における 2020 年の目標の位置づけ
  1.3　本報告書における取り組み方法
    1.3.1　調査対象としている処理方法とシナリオの評価基準
    1.3.2　シナリオの評価基準
    1.3.3　評価の実施について
2. 2020 年のシナリオについて
  2.1　選択された処理方法
  2.2　選択された処理方法の概略
  2.3　結果のまとめ
3. 結　論
  3.1　技術的な実現可能性
  3.2　経済的にどこまで要求できるか（市民の負担可能性）
  3.3　処理方法の組み合わせと枠組み
  3.4　処理方法の価値度合い（処理方法により価値のある廃棄物が出来るかどうかの評価）
  3.5　適切なシナリオの選択について
    3.5.1　地域特性に基づく選択
    3.5.2　製品または市場構成による選択
    3.5.3　コストに基づく選択
4. 選択肢について
  4.1　地上での保管（蓄積地）の禁止
  4.2　効果度の決定
  4.3　処理方法に関して行政が関与しないこと（市場に任せるという意味）
  4.4　処理方法の計画に関する羅針盤
  4.5　ごみ処理技術に関してドイツが他の国に模範となる役割
5. まとめ

して多い（表2·2）。

　これは、環境保全に十分配慮した焼却処理施設の建設と維持管理に高額を要するために、その整備がなかなか進まないことが大きな要因である。しかし、ＥＵ全体としての焼却ごみ量は、１９９６年には約３２７０万ｔであったが、２００３年には約５４９０万ｔに増加し、２００９年には約７２４０万ｔに達すると推定されているように、ＥＵ加盟国全体では日本を越えるようになっている[2]。

　ヨーロッパ全体の一般廃棄物の基本的な方向は、廃棄物からできる限り物質やエネルギーを回収し、埋立量を最小限にすることである。これはＥＵ埋立指令（１９９９／３１／ＥＣ）によるものであり、微生物分解性の都市ごみの埋立量を、２００６年までに１９９５年の７５％に、２０１６年までに３５％まで削減させることが定められている。

　ドイツではＥＵ埋立指令よりも前に、厳しい埋立基準である「一般廃棄物指針（Technical Instruction of Waste from Human Settlement, TASi）」（１９９３年）に続いて、２００１年には「廃棄物処理指令（Ordinance on the Environmentally Compatible Storage of Waste from

表2・2　EU 主要国と日本におけるごみのリサイクル率，埋立率および焼却率（2004 年）

国	リサイクル率(%)	埋立率(%)	焼却率(%)
フランス	28	38	34
スペイン	35	59	6
ポルトガル	3	75	22
イギリス	18	74	8
ベルギー	52	13	35
オランダ	65	3	32
ルクセンブルグ	36	23	41
イタリア	29	62	9
オーストリア	59	31	10
ドイツ	58	20	22
デンマーク	41	5	54
スウェーデン	41	14	45
フィンランド	28	63	9
アイルランド	31	69	0
ギリシャ	8	92	0
日　本	19	3	77

E.Stengler: Developments and Perspectives for Energy Recovery from Waste in Europe, Proceedings Venice 2006, Biomass and Waste to Energy Symposium Venice, Italy (2006)
日本のデータ：一般廃棄物処理事業実態調査の結果（平成 17 年度実績）について（環境省）

Human Settlement, AbfAblV)」が発効されている。これによって、排ガス規制の強化などによりコストが高騰していた熱処理の代替技術として、機械的生物処理(Mechanical-biological treatment：MBT)が認められ、MBT処理された廃棄物の埋立基準が追加された。これを基本として、現在では事実上、中間処理されない廃棄物の埋立が禁止となっている。

MBTとは、リサイクル対象物を除いた残渣廃棄物から機械的選別によって有価物を回収し、生物処理により事前にできるだけ有機物を分解してメタン回収を行う方法である。これにより、最終処分場からのメタンの発生抑制および最終処分場の延命化が可能となる。MBT施設の処理フローを図2・1に示した。

ドイツにおけるリサイクル以外の廃棄物の焼却と埋め立ての比率は、ほぼ半々である。しかし、1992年の段階で日本国内の焼却施設数が1841ヵ所であったのに対し、ドイツ国内では53ヵ所にすぎなかったこと[3]からもわかるように、ドイツの焼却施設数は現在でも日本と比べるとかなり少なく、各施設は大規模である。

ドイツの埋立方法は、日本の最終処分場のように、谷などのポケット状の場所に埋め立てるというよりも、地面をへこませてその上に積み上げていくというもので、積み上げて転圧した後、浸出水が漏れないようにポリエチレン製のシート等で密封するので、最終的に丘とか小

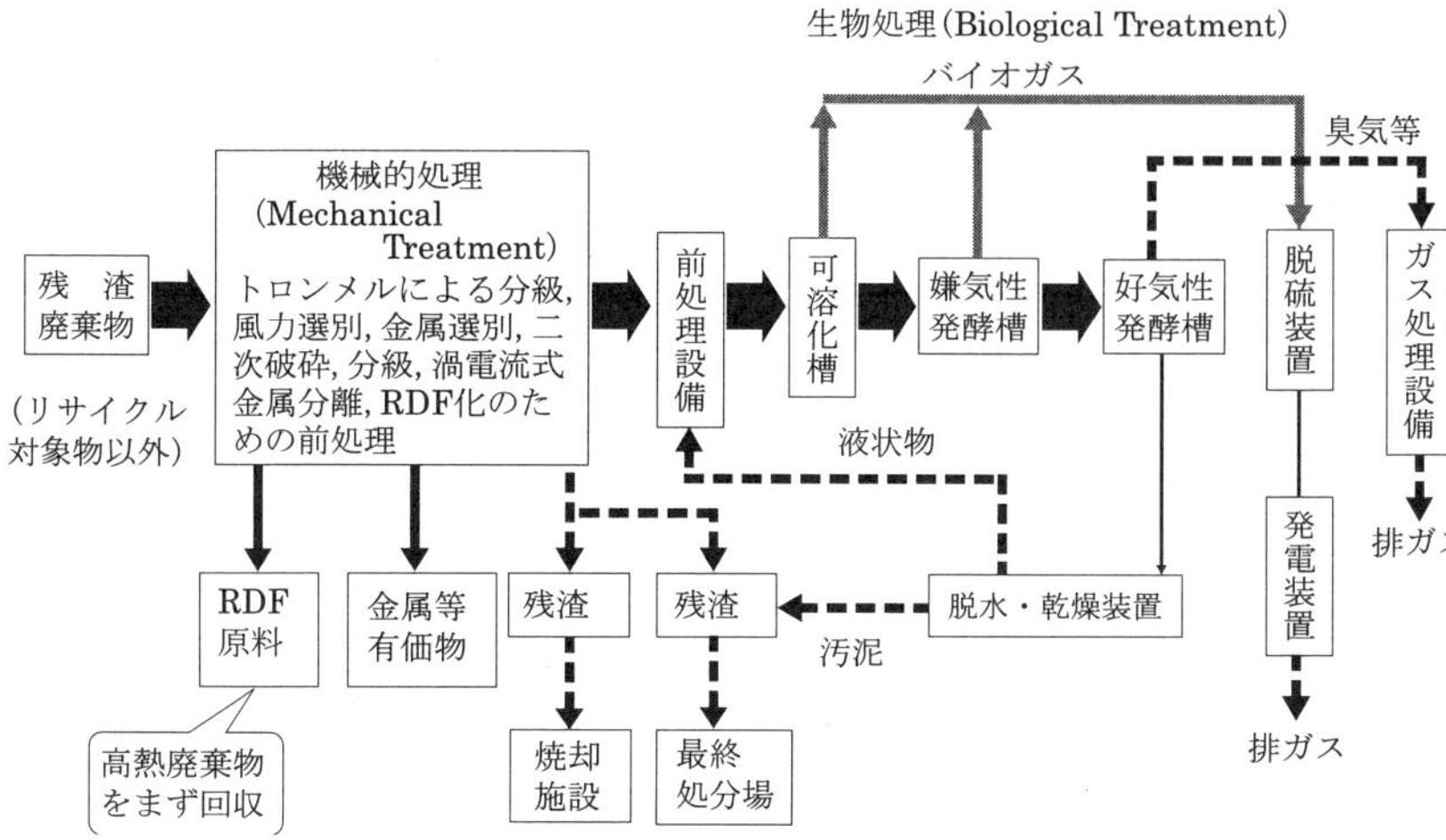

図2･1　MBT 施設の処理フロー［2］

山のような形状となる。そこに土をかぶせて芝生を貼ったり木を植えることによって地盤の強度を高め、跡地は散歩用の森やスポーツ用地として使われる。

そのため、ドイツでは「埋立地」というよりは「蓄積地」と呼ばれている。ここでも報告書中の用語は「埋立地」ではなく「蓄積地」を用いることにする。

(2) 処理方法を転換する理由

機械的生物処理（ＭＢＴ）導入以前にドイツの蓄積地で問題とされていたことの一つは、蓄積地においてシート等で密封状態にしても、蓄積物の反応によりメタンの発生があったことである。シートの劣化による隙間や穴からもれるメタンやCO_2は、地球温暖化にも多大な影響を与えることがわかっている。

ドイツのプラスチック業界では、家庭からの生ごみ中心の廃棄物は熱量が低いため、残渣が付着したような汚れたプラスチック廃棄物は、焼却施設で燃料としての役割を果たすべきことを主張してきた。

これに対し、環境省では製造の過程で多くのエネルギーを消費したプラスチック材料は、焼却よりもできるだけマテリアルリサイクルすべきという考え方を主張してきた。

しかし、地球環境問題への関心が高まるにつれて、メタンやCO_2の放出以外の安全性の意味からも、将来にわたって蓄積地の安全性を保障することは難しいという判断から、熱処理が指向されるようになってきた。

また、ＥＵ全体としては、石油、ガス、石炭などのエネルギー資源の多くを輸入に頼っており、エネルギーの安定的な供給が喫緊の課題となってきたこともある。そのため、温室効果ガスの排出量削減が可能な、多様なエネルギー源の確保が求められ、CO_2を排出しない再生可能エネルギーの創出が一つの大きな施策として注目され始めた。

ドイツでは２０００年４月に「再生可能エネルギー法」が施行され、再生可能エネルギー（波力・潮汐・海流エネルギーを含む水力、風力エネルギー、太陽エネルギー、地熱、廃棄物・汚泥等のバイオマスの生分解可能な物質から生み出されたエネルギー）によって生産された電力の買い取りにあたって、固定価格制が導入された。この法律が起爆剤となり、バイオガス化施設の普及が進んだ[2]。

このようなエネルギー政策の転換も、ドイツの廃棄物処理の方法を転換させる大きな契機となっている。

◆報告書「居住地由来の廃棄物処理の戦略と見通し（２０２０年まで）」[1]

(1) 前　提

①調査の目的

本報告書は、「居住地由来の廃棄物処理の戦略と見通し（２０２０年まで）」をテーマとする研究プロジェクトによる調査結果を、わかりやすくまとめたものである。居住地由来の廃棄物とは、日本でいう家庭系一般廃棄物に該当する。

内容としては廃棄物処理施設１４ヵ所の技術を対象として、物質面とエネルギー面における出入力のバランス、および処理物の特性とコストについて記述されている。

研究プロジェクトの目的は、ドイツにおける居住地由来の廃棄物処理における環境配慮に関する高度な情報を、専門的かつ技術的に検討することである。居住地由来の廃棄物は、幅広く多様な発生源と組成から構成されることが特徴である。

本調査では範囲を明確にするために、環境面と経済面に重要な影響を与える家庭からの残渣廃棄物に焦点を当てている。ここで残渣廃棄物とは、「リサイクル対象物を除いたごみ」という意味である。しかし、分析の結果は家庭系廃棄物だけでなく、事業系廃棄物にも適用可能である。

②２０２０年の目標

２０２０年の目標は、居住地由来の廃棄物を蓄積しないで、完全に利用（再資源化またはエネルギー回収）することである。

廃棄物に含有される有害物質は廃棄物処理段階で濃縮されることになるので、生物圏の物質の循環から分離し破壊する必要がある。したがって、目標とする２０２０年までに重要なことは、単に法律に適合する廃棄物処理を実現することではなく、廃棄物処理によって完全に物質とエネルギー面での利用可能性を実現することである。

目標を２０２０年としたのは、蓄積地で廃棄物を処理することが次世代にとってリスクとなり始める時期が、その頃であるという認識に基づいている。例えば、長年にわたる蓄積地の管理経験があっても、長期間に蓄積された廃棄物がどのような影響を及ぼしているかについての知識は未だに十分ではない。

また、有害物質が排出されないように過去の蓄積地の改善を実施したとしても、有効性に疑問が残る。つまり、環境への被害を回避するために改善を行ったとしても不十分な点が残ることは事実である。したがって、居住地由来の廃棄物の蓄積は、持続可能な発展、および次世代に安全な環境を保障する目標に適合しないということになる。

蓄積地の閉鎖は、廃棄物処理全体が気候変動に与える影響にも著しく貢献できる。廃棄物の蓄積が、生物的かつ化学反応によって発生するメタン、CO_2によって気候変動に悪影響を与えているからである。

環境省の報告によると、現在の蓄積地はドイツにおけるメタン排出量の約２５％に寄与している。１９９０年には蓄積地から１５０万ｔのメタンが発生した。しかし、２００４年には５０万ｔしかなかった。これは、蓄積地の閉鎖、蓄積地の削減、蓄積地からの発生ガスの利用などの適切な対策によって、１４年間でメタン排出量を約２１００万ｔ・CO_2相当分だけ削減できたことによる。

この削減量をわかりやすく説明すると、ドイツ産業界が連邦政府に対して約束した１９９８年から２０２２年までの削減量４５００万ｔ・CO_2の約半分に当たる。

２００５年6月1日から居住地由来の廃棄物を蓄積する前に、前処理することが義務づけられた。この処理でメタン排出量を、２０１０年までにさらに約４０万ｔだけ削減することができる。この削減量は８４０万ｔ-CO_2に相当する。したがって、２０２０年の目標では、気候変動の原因となる廃棄物は、蓄積地における最終処理段階の完全な残渣廃棄物の処理によって、さらに削減可能である。

また、残渣廃棄物の処理において、２０２０年の目標を実現することによって現在よりも廃棄物の再資源化とエネルギー回収の効率を、より向上させることを目指している。

以前の環境省の考え方では、再資源化はエネルギー回収よりも効果的であるという考え方があった。しかし、例えば、最先端技術が導入された焼却処理施設における廃棄物からのエネルギー回収も、温暖化の原因となる排出物の削減に貢献できる。なぜなら、この方法により、一次エネルギーの消費を節約することができるからである。環境庁の試算によると、現在、蓄積された廃棄物からエネルギー回収した場合、理論的には年間４００万ｔ-CO_2の排出削減が可能である。

廃棄物中の物質は、マテリアルリサイクルによって材料として活かす可能性がある。そのために再資源化を実施している。逆に、蓄積地に蓄積された物質は物質循環からも除外され、潜在的な物質利用面の可能性がなくなることになる。さらに考慮すべきことは、２０２０年を目標とする方針に基づいて廃棄物処理を実施したとしても、ある程度の残渣はスラグとなり、価値あるものにならないことも考慮する必要がある。

このような価値あるものに変換できない残渣は、鉱山採掘跡の埋立材等として使用できない場合は、環境に害を与えないように処理・蓄積する方法を考える必要がある。

以下に２０２０年の目標をまとめる。

①居住地由来の廃棄物を地上で蓄積することを中止し、次世代に負担を残さないようにする。

②居住地由来の廃棄物の成分を高度に物質化、またはエネルギー回収することに重点を置き、完全な廃棄物処理を実施することによって、持続可能な発展の概念を廃棄物処理業界に導入する。

③高度な物質化、またはエネルギー回収に向かない残渣廃棄物を環境に悪影響を与えないように処理する（で

きるだけ新たな施設を建設するなど、付加的なコストのかかる方法を避けて物質そのものの処理による方法による）。

④主要な温室効果ガスの排出削減によって気候変動への影響を最少化することに貢献する。

先に書かれた項目以外に、２０２０年はＥＵでの廃棄物処理の優先順位を変更する契機となる。図２・２からわかるように、これまでのＥＵでの優先順位は２０２０年の目標と比べると、発生抑制、再生（再資源化・エネルギー回収）、処理という順位があり、蓄積による廃棄物処理は最下位に位置づけられていた。

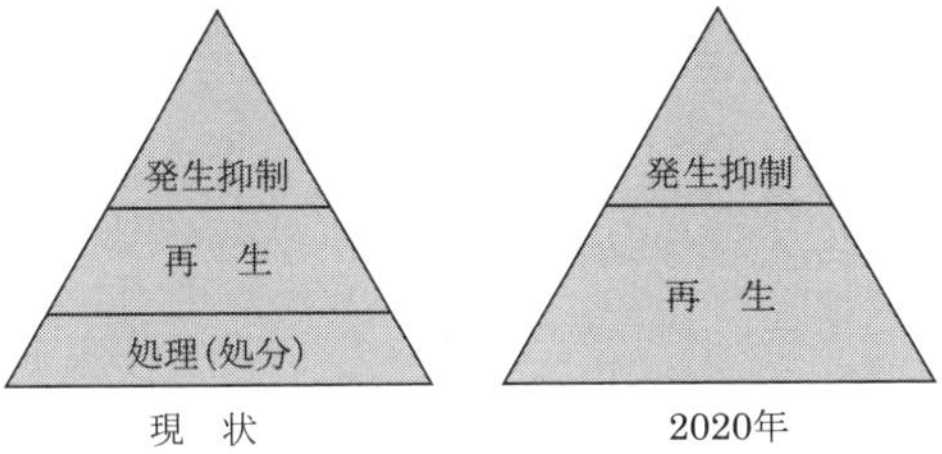

図2・2　廃棄物処理の優先順位［1］

目標とする２０２０年では処理よりも抑制を優先し、廃棄物処理よりも前の段階で、必要となる媒体や対策を考慮することによって廃棄物量の抑制と処理する廃棄物としての組成を少なくすべきである。この考え方は、ドイツの持続可能型経済の概念にも適している。

(2) ドイツの廃棄物処理政策の概念から見た目標 2020年

次にドイツの廃棄物処理政策と持続可能型経済に関連づけて２０２０年の目標を説明し、居住地由来の残渣廃棄物の問題への対策を実現する方法について述べる。

持続可能型経済の目的は、資源を物質として完全に有効利用することによって持続可能性を実現することである。この概念は、物質の包括的な考え方が基本になる。出発点は原材料の採掘であり、そこから得られた資源の加工によって製品が製造され、商品として消費者の手にわたる。

問題は消費者の段階での取り扱い方を観察または把握することである。消費者の段階で発生する廃棄物は、本調査の対象となる２０２０年の目標を徹底的に実現した場合には、持続可能型経済の実現に重要な役割を果たすことになる。

図２・３は、目標とする２０２０年の持続可能型経済の全体図を示したものである。

持続可能型経済は、この廃棄物処理政策の概念に基づ

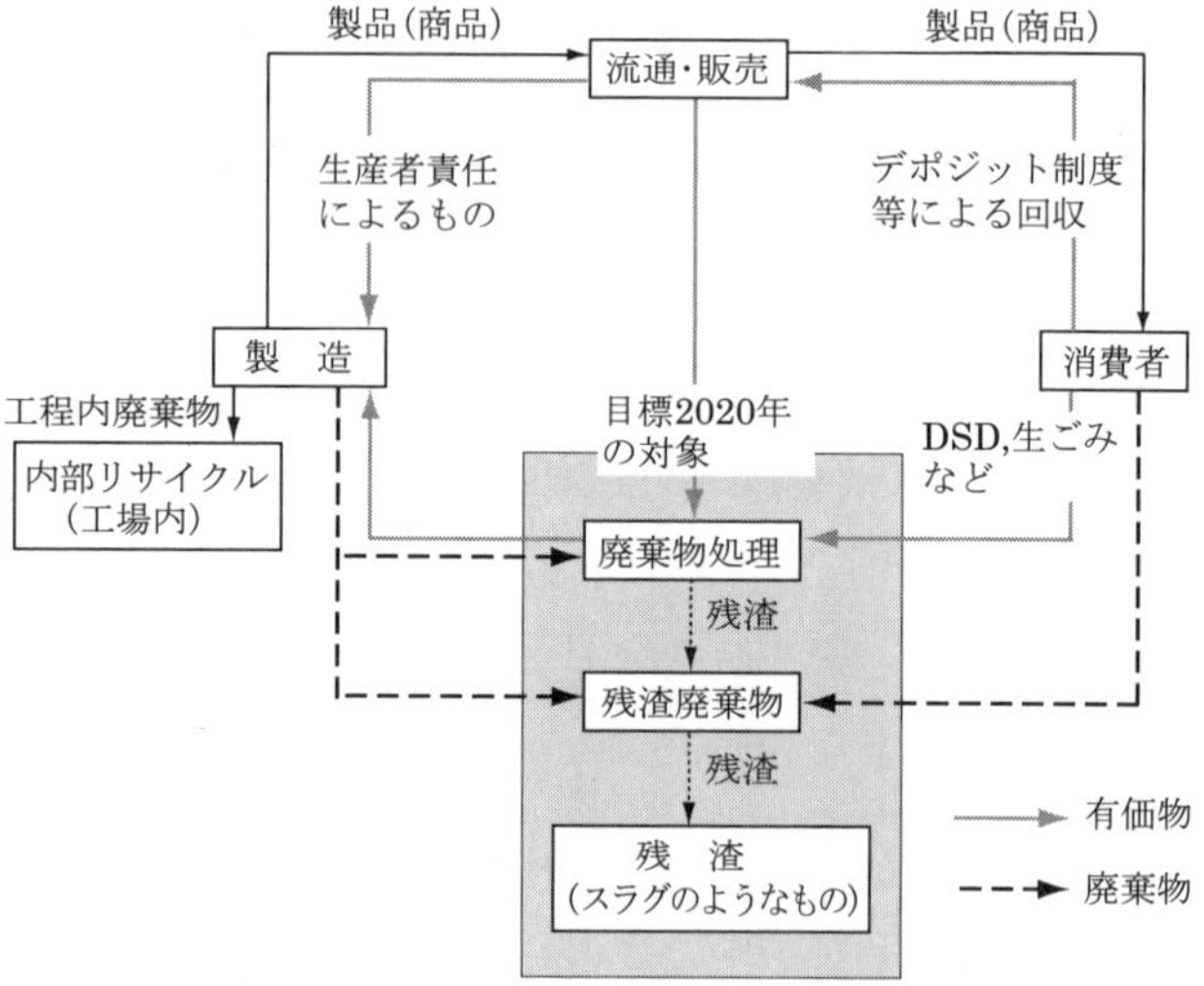

図2・3　目標とする2020年の持続可能型経済の全体図[1]

いて実現することを目指している。この概念に基づいて持続可能型経済を実現するには、生産者、流通・販売事業者、消費者および処理業者の協力が必要である。図2・3に示されている廃棄物処理政策の各段階で、物質または廃棄物が発生するが、これらは現在、蓄積によって持続性の枠外に流出している。

　廃棄物処理の優先順位に応じて、持続可能型経済に向かう第一の選択肢は、廃棄物を抑制することである。次の選択肢は、消費者から排出された廃棄物をどのように処理するかである。この段階では生産者、流通・販売事業者、消費者が、それぞれ役割を担うことになる。というのは、ある製品について、生産者、流通・販売事業者は、消費者に販売する製品について生産者責任を負っている。また、消費者は持続可能型経済を実現するために、環境配慮型行動によって回収システムを利用し、分別回収に協力することが必要である。

　しかし、消費者が自宅で発生する廃棄物を分別しても、必ず有害物質を含んだ残渣廃棄物が発生する。また、誤った分別を行うことによって持続可能型経済における物質面あるいは材料面で、循環の輪に戻らない廃棄物が発生する。これらの残渣廃棄物が、本調査の対象となっている。消費者からの廃棄物は**図2・4**に示すように、有価物と均一ではない組成からなる残渣廃棄物から構成される。

　以上に述べたような理由で、居住地由来の残渣廃棄物の処理は、当面の研究開発すべき対象となっている。ま

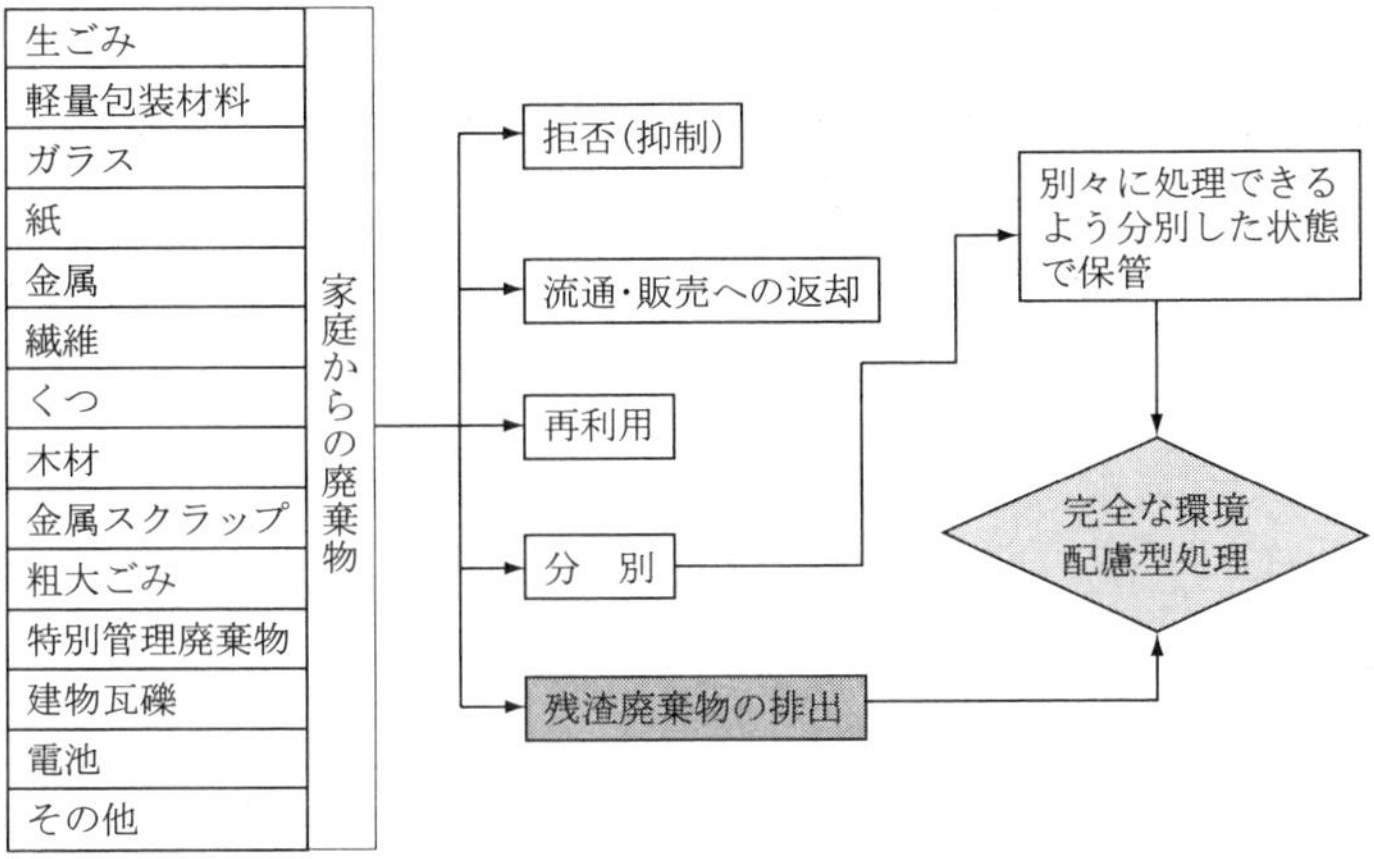

図2·4　目標 2020 年の対象となる残渣廃棄物［1］

た、残渣廃棄物が研究開発の対象となったもう一つの理由は、現段階では残渣廃棄物も含めて持続可能型の廃棄物処理政策を実現するための法律がないことである。

というのは、現状では残渣廃棄物部分は持続可能型経済から除外されており、例えば、１９９９年の段階ではドイツの居住地由来の発生残渣廃棄物の約６０％は蓄積されていた。２００２年では発生残渣廃棄物の約４９％はまだ蓄積され、残りの約５１％が焼却された。

したがって、持続可能型経済の概念に基づいて、目標とする２０２０年に向けて居住地（家庭）から発生する残渣廃棄物を完全に処理する必要がある。

(3) 調査方法

本調査において対象としたのは、残渣廃棄物を利用する可能性があり、かつ完全処理の実施が可能な施設である。そのためにいくつかの処理方法が検討され、適切な組み合わせも考慮した。また、選択された処理方法は、ドイツの処理施設で既にかなり大規模に実施されているものもあり、開発途上のものもある。

また、調査対象施設の条件として、信頼性のあるデータ取得の可能性の高さも考慮した。つまり、初期段階の開発技術を採用している施設は調査対象から除外した。

このようにして、現状において、２０２０年の目標実現に向けて理想的な評価を実施することを目指した。

２０２０年の目標では、それを実現するために適切と考えられる処理方法の組み合わせを考えることがポイントである。そのため、いくつかの処理方法の組み合わせによるシナリオ調査を実施した。選ばれたシナリオは質的にも評価し、この評価結果に基づいた調査報告書の結論によって、政策提言に導いている。

　調査対象の廃棄物は居住地由来の残渣廃棄物に限定している。同時に、技術的な実現可能性を考慮することによって明確なシステム境界を理解することができる。このように焦点を絞ったために、本調査の前提としては、残渣廃棄物となる前のステップ、すなわち、廃棄物の排出抑制（製品デザインの変更、生産責任、ＩＰＰ、資源の効率的な利用等）は調査対象としていない。しかしながら、本来、排出抑制に効果的な残渣廃棄物となる前のステップへの取り組みも、今後の持続可能型経済を実現するための重要な課題である。

　また、本調査のシステムバウンダリーは、居住地由来の残渣廃棄物の処理以外に、各シナリオの各処理工程からの産出物も含まれる。それらの産出物は、特に量、有害性、含有エネルギー、市場での商品化の可能性の観点から調査した。**図2・5**に拡大した調査範囲を示した。

　この図からもわかるように、1次廃棄物は第1工程で処理された段階で、それぞれの工程の特性に応じて、エネルギー、メタノール、塩酸、金属、燃料等の2次廃棄物が発生する。ここで工程とは焼却処理、機械的生物処理または熱分解である。産出物はそれぞれの特性に応じて商品化、または次の処理段階の対象となる。この処理パターンは目標とする２０２０年の方針に応じて廃棄物が完全に処理されるまで繰り返される。

(4)　シナリオの選択条件

　２０２０年の目標に適した処理方法の選択または、シナリオの構成のためには、適切な選択条件を設定する必要がある。選択条件は以下のとおりである。

①シナリオごとの1次廃棄物の完全な処理
②法律で求められる条件の厳守
③処理方法の技術的実現性および経済的負担可能性
④最適な適用可能技術に近いかど

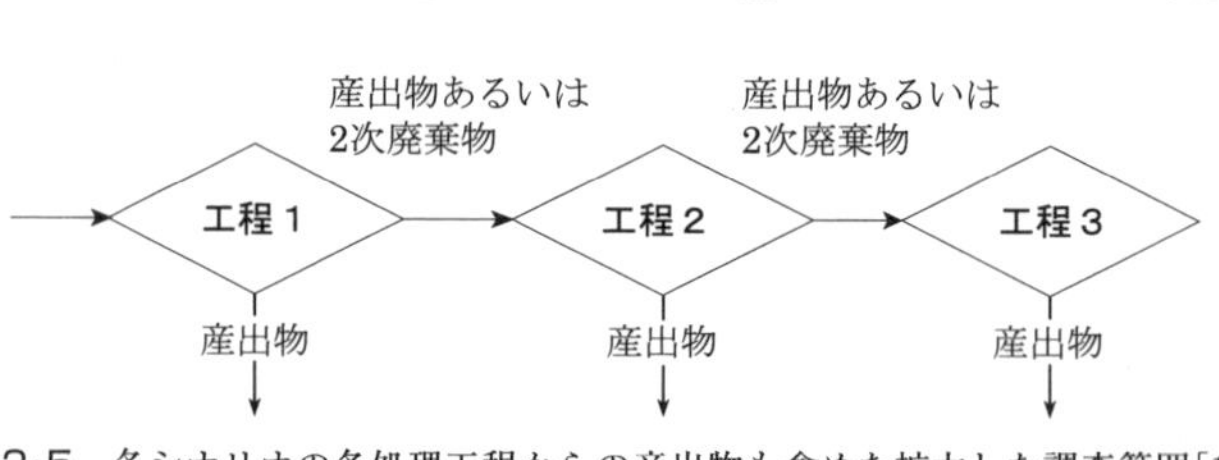

図2・5　各シナリオの各処理工程からの産出物も含めた拡大した調査範囲［1］

うか

上記の評価基準②～④は、既に法律か法令で定められている。したがって①の完全処理という条件は、新しい政策転換面から取り上げられる項目であり、本調査の中心的役割を果たすものである。

(5) シナリオの評価基準

処理方法を組み合わせる時の重要な評価基準として、処理方法の環境配慮性が焦点になっている。しかし、環境配慮性に対する一般的な定義や評価基準は存在しないため、本調査ではシナリオを評価するための基準を新たに設定しなければならない。評価基準の設定に当たっては２０２０年の目標の意味と政策の目的に配慮して、環境配慮性と高価値化の達成に重点を置いた。

評価基準では環境配慮性と経済性を考慮し、かつ、これらの評価によってシナリオ全体が各専門分野からの観点から判断できるようにしている。評価基準は以下のとおりである。

①産出物の品質（特性）
②環境配慮性、経済性、技術的適用性の妥当性
③エネルギー回収
④エミッションと技術的安全性

これらは、本調査の実施に当たって、２０２０年の目標に向かって、できるだけ包括的なシナリオとして評価できるように選ばれた基準であり、半定量的に評価される。

(6) 評価の実施

本調査で取り上げた各シナリオには技術的な違いがあるため、評価結果を１：１で比較することは不可能である。

シナリオ分析の出発点は、調査対象となっている各システムへの１ｔの廃棄物の投入であり、その量を完全に処理することが目的である。

分析を行う際には、技術的な実現性について現状を反映しながら評価するために、投入材料としては（組成を現実的なものとするために）実際の廃棄物を用いた。したがって、分析は常に各シナリオにおける最初の処理施設に投入された廃棄物を基にして行った。

なお、実際のデータを利用する利点は、２０２０年の目標を達成する可能性があるかどうかを現実的なデータに基づいて判断できることである。しかしながら、デー

タとしては季節による変動等も考慮する必要があることから、廃棄物の組成、成分にある程度の変動幅を考慮しておく必要がある。

処理施設に関するデータは、基本的にはアンケート調査によって求めた。場合によっては理想的な文献のデータを使ったところもある。さらに、処理方法とシナリオの選択に関しては、専門委員会ならびにシンポジウムの開催によって廃棄物処理の専門家の意見を求めたこともある。

また、評価の結果を位置づけるためにデルファイ分析の要素も応用した。そのために調査の初めに廃棄物処理の専門家を招き、処理方法の選択について意見を聞き、また、将来の処理方法に関する新しい技術開発の動向についても意見を求めた。委員会では専門家による意見を交えて徹底的に議論し、また委員からのアドバイスも含めて検討した。

◆2020年のシナリオ

この項では選択された処理方法とその組み合わせについて説明する。また、それらによるシナリオの評価結果もまとめて紹介する。

(1) 選択された処理方法の概要

２０２０年の目標を達成するためには適切な処理方法が必要である。処理方法は安全性に関する要求、技術的実現性、経済的な負担可能性について配慮しながら、ＢＡＴ(最も適切な技術)を考慮する必要がある。処理方法の概要を表2・3に示した。

(2) 選択されたシナリオ

以下には表2・3に列挙された設備の組み合わせからなるシナリオについて説明する。表2・4は、廃棄物処理のシナリオを作成するときに「シナリオの評価基準」で説明した考え方を基に選択されたシナリオであり、これらはいずれも、２０２０年の目標を達成する可能性があるものである。

基本的には２０２０年の目標を達成する他の処理方法、ならびに組み合わせも考えられるため、選択された7つのシナリオは、典型的な代表的組み合わせと位置づけられる。ほとんどのシナリオでは、第1と第2の処理工程を変更することが可能である。

表2·3　シナリオに使われた処理方法の概要［1］

処理方法	設　備	特　　　徴
ごみ焼却	ごみ焼却施設 Rugenberger Damm 通り (ハンブルク市)	・2020 年の目標は既に実現可能 ・塩酸のような副産物に高い品質がある ・スラグ処理は Z2(品質のレベルを表す)以下 ・ハンブルク市の地域熱供給システムとつながっている
機械的生物処理	機械的生物処理施設 (ドレスデン＊)	・生物的脱水・乾燥方法 ・生産される EBS 部分の割合は投入量の約 50% ・脱水・安定化方法
	有価廃棄物分別処理施設 (ノイス市)	・いくつかの産出物が発生する ・EBS の生産が重点的 ・機械的生物処理と、ロッテ(有機物質が微生物の働きで分解・変換される工程または化学反応のこと) ・近赤外線装置の利用
	機械的生物処理施設 (カピテルタル＊)	・発酵によってエネルギー回収 ・異なった品質の２つの EBS 部分が発生
ガス化	２次原料(プラスチック)処理センター (シュヴァルツェプンペ＊) (褐炭の処理施設)	・2020 年の目標は既に実現可能 ・エネルギー回収 ・メタノール生産 ・高品質のガス化スラグ ・残渣物と EBS の処理
熱分解	熱分解施設 (ハムユントロプ＊)	・代替燃料のみ ・ガス化コークスは隣接の石炭発電所から供給 ・１次燃料の代替
産業レベルの混焼	セメント工場 (リュウーダースドルフ) 石炭発電所 (イエンシュバイデ＊)	・代替燃料のみ ・代替燃料は１次燃料の代替となる ・セメント工場での原料としての処理 ・潜在的なキャパシティが高い
スラグ処理	スラグ処理施設 (リュードビヒスハーフェン＊)	・水処理(洗濯)工程は機械的処理以外にある ・最高の産出物の品質(Z1.1 レベル) ・オフサイト施設
選別施設(機械的処理)	選別施設(エッセン＊)	・廃棄物から出る残渣は現在、処理されていない ・使用済み軽量の容器包装材料の処理施設(黄色の容器包装回収箱からのもの) ・施設は大型の技術実験を行うために廃棄物から出る残渣を選別できるように改築(改良) ・近赤外線技術の利用
最適化したごみ焼却	燃焼室でスラグ溶融できるように改善	・大量処理を可能とするため、改善段階に入っている ・2020 年の目標の達成は既に可能 ・燃焼室は改善(燃焼室の酸素吹き込み) ・高い燃焼温度 ・スラグはガラス化(Z0 レベル)

＊地名または地域名

表2・4　各シナリオの処理工程［1］

シナリオ１	焼却＋スラグ処理
シナリオ２	最適化した焼却
シナリオ３	ガス化＋焼却＋スラグ処理
シナリオ４	MBA$_{1)}$ ＋発電所（発熱所）での利用＋ 焼却（一般のごみ焼却施設の燃料として利用）
シナリオ５	MBA$_{2)}$ ＋熱分解＋発電所（発熱所）での利用＋ 焼却（一般のごみ焼却施設の燃料として利用）
シナリオ６	発酵＋セメント工場＋ 焼却（一般のごみ焼却施設の燃料として利用）
シナリオ７	分離機＋発電所（発熱所）での利用＋ 焼却（一般のごみ焼却施設の燃料として利用）

表２・４に書かれたごみ焼却場、ガス化、ＭＢＡ（機械的生物処理：ＭＢＴと同じ）と選別処理は、各シナリオの最初の処理ステップであり、居住地由来の１次廃棄物を処理する段階である。

次の工程として描かれたスラグ処理、発電所または発熱所（地域冷暖房などで従来は石炭が使われているところ）、熱分解、セメント工場、およびごみ焼却のような処理方法においては、第1工程での産出物が処理される。

この場合、対象となる物質は有価物、代替燃料、２次廃棄物、および残渣廃棄物である。

図2・6は７つのシナリオを網羅的に示したものである。選択されたシナリオ全体図からわかるように、シナリオ1とシナリオ2では、1次廃棄物はごみ焼却場で直接処理される。この場合、選択されたシナリオ1のごみ焼却場は、ドイツにある様々な技術の中で高いレベルにある設備を組み込んでいる。

シナリオ1でのごみ焼却場には、先端技術に基づくスラグ処理施設が付帯する。このようにして、高い品質（Ｚ１・１：品質のレベルを表す）のスラグ処理を保証できる。

シナリオ2のごみ焼却場は、最適化された設備であり、現在の段階ではまだドイツでは大規模で応用されていないものである。高い温度（１２００℃）と大量に投入される酸素のため、このシナリオではスラグ処理施設を付設させる必要がない。というのは、１次的な設備でスラグがガラス化されるからである。シナリオ1とシナリオ2ではごみ焼却場が主な処理工程となる。

シナリオ3は、ガス化設備に焦点を当て、その施設にごみ焼却とスラグ処理が組み合わされている。ガス化施設の理論では選ばれた1次廃棄物はガス化可能な部分と残渣部分に選別される。したがって、**図2・6**のガス化という工程は、廃棄物処理とガス化の両方が含まれることになる。残渣部分は2次廃棄物としてごみ焼却場で処理され、そこで発生するスラグはさらに処理される（シ

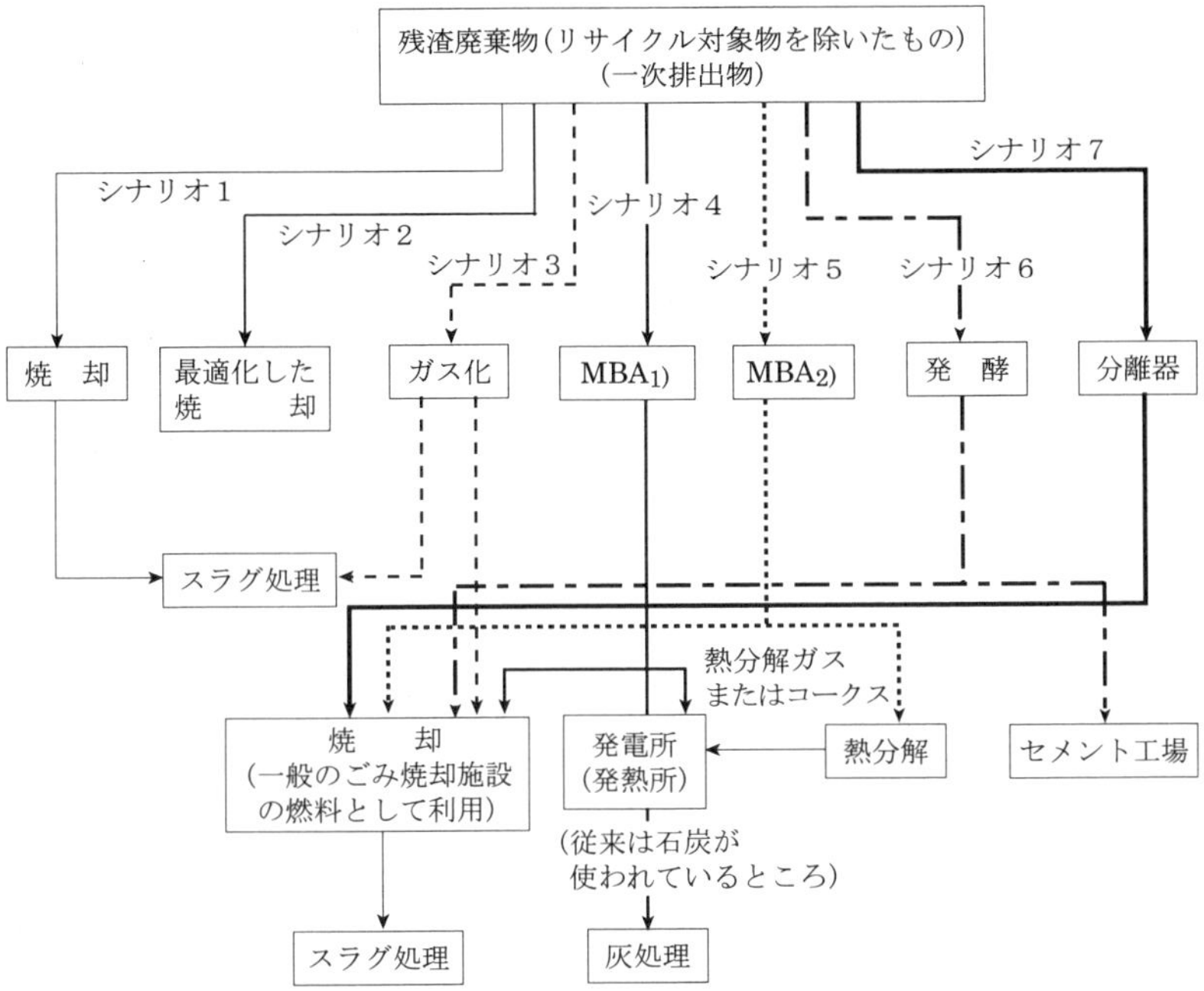

MBA1)：安定化して機械と微生物により処理して燃料として使う(RDF等)
MBA2)：バイオ等の方法により有機成分をある程度分解してRDF等として使う

図2･6　7つのシナリオの全体図　　出典：Ecologic

ナリオ1参照)。

また、ガス化施設では残渣廃棄物以外に、すでにＭＢＡによって前処理されたものもガス化できる。しかし、このシナリオは、本調査において単に理論的に扱ったものであり、主要なシナリオとは言えない。シナリオ3で主要な処理ステップは残渣廃棄物が処理されるガス化施設である。

さらに、シナリオ4～6では、ＭＢＡの3種類がセメント工場での処理、および熱分解技術と組み合わされる。このシナリオでは2次廃棄物部分は、いくつかの段階を経て最終的にごみ焼却場と組み合わされたスラグ処理施設が必要となる。

シナリオ4～6で重要なのは、ＭＢＡでの残渣廃棄物の前処理である。ＭＢＡは、伝統的な分離方法であり、機械的な分離ステップは生物分解と組み合わされる。この処理技術の組み合わせによって、特定の分離段階を経ることによって、高度な物質面、かつエネルギー面の処理を可能にしている。

シナリオ7で重要なのは分離設備である。居住地由来の残渣廃棄物は有価物に分離されるが、残渣物の選別から見てこの技術はまだ初期段階と言える。現在、この技術は特に家庭で既に前選別された黄色の回収ドラム缶の廃棄物に応用されている。シナリオ7では選別施設で発生する再資源化物以外に、高い熱量(セメント工場の燃料となるような熱)も発生する。また、2次廃棄物は最終的にごみ焼却場のスラグ処理施設で処理される(シナリオ1参照)。

(3) 結果のまとめ

表2・5は、シナリオ1～7に対する主な評価項目および評価結果を示したものである。本調査で使われたデータは事例的なものなので、様々な影響因子によって評価が変化する可能性がある。

そのため、1：1の形で比較することは不可能である。

このデータは、1年間のデータであるが、最も重要な因子の一つは、投入される廃棄物であり、事例的な実際の廃棄物のデータを使用したため、

の評価結果(一部)

シナリオ4	シナリオ5	シナリオ6	シナリオ7
・中間生産物(EBS)の品質がよい(特にエネルギー回収の場合)	・中間生産物(EBS)、熱分解ガスおよび減分解コークスの品質がよい	・分解されたEBSは2種類であり、半分以上を処理する必要がある	・分解されたプラスチックPPKと暖房エネルギーは再資源化に適合
132kg	592kg	353kg	668kg
褐炭発電所と焼却上の組み合わせ 電力：0.91 熱　：0.18	石炭発電所とごみ焼却場との組み合わせ 電力：0.38 熱　：0.75 EBS産出量を最適化する必要がある	セメント工場とごみ焼却場との組み合わせ 電力：0.04 熱　：0.46	褐炭発電所とごみ焼却場の組み合わせ 電力：0.3 熱　：0.87
100～120ユーロ	145～170ユーロ	115～155ユーロ	120～155ユーロ
・発電所での大量のEBSの投入は問題を起こす可能性がある 「研究開発が必要」	・発電所の大量のEBSの投入は問題を起こす可能性がある 「研究開発が必要」	・セメント工場でのEBSの混焼はある実績が示され、基準値は下回っている	・選別装置はまだ改善の余地があり、不明な点もある
・限界なしで適用可能だが、混焼(他の燃料と一緒に燃やす)ことを計画する場合は再検討が必要	・限界なしで適用可能だが、混焼(他の燃料と一緒に燃やす)ことを計画する場合は再検討が必要	・制限なしで適用可能	・大規模な実施例がないため、まだ十分に適用可能とは言えない

廃棄物の成分はケースによって質的にかなり異なると予想されることである。

したがって、結果そのものはおおよその評価を示すものと考えるべきである。表2・5に示した各処理とシナリオは数値としての正確な比較評価のために用いるべきではなく、概括的な役割しか果たさない。ただし、適切性、必要性、経済的負担可能性からみて、２０２０年の目標を達成するための比較可能性に関しては、それぞれのシナリオは適切と言える。

また、必要性から判断して、これらのシナリオを組み立てるに当たって、シナリオ1~7に組み込まれている技術・設備は代替できず、目標とする廃棄物処理政策を達成するために必ず必要なものである。

経済的負担可能性の面でも、各シナリオにおける費用は一般的な廃棄物処分の費用から考えて理想的な割合になる必要があるが、その点についても検討した結果、適切であることを確認している。

表2・5　シナリオ１~７

評価項目	シナリオ１	シナリオ２	シナリオ３
産出物の特性	・多種の産出物建設材料としてよい搾糟（絞りかす）として有害物質含有	・建設物としてとてもよい	・ガス化スラグは利用のために必ずしも前処理の必要がない ・生産物であるメタノールの品質か高い
２次廃棄物 [1]	なし	なし	33kg
１次廃棄物 1ton から回収されたエネルギー（MWh）	ごみ焼却のみ [2] 電力：0.13 熱　：1.3	発電のみ 0.5	コ・ジェネ発電所とごみ焼却場の組み合わせ 電力：0.17 熱　：0.04 メタノール：276kg
処理費用	125 ～ 140 ユーロ	100 ～ 135 ユーロ	125 ～ 140 ユーロ
大気への排出物に関する法律（中でも TA-Luft、BlmSchV）	・基準値をはるかに下回っている	・基準値は下回っているが、塩化物と硫黄酸化物が増加。しかし，上限以下	・ガス化設備へのすべての測定値は法律 BImSchG を守る
技術的実現性と信頼性	・適用可能（制限なし）	・大規模な実績はないため、完全に保障できない	・制限なしで適用可能

出典：本報告書の作成者

1)　２次廃棄物とはシナリオ１～７において熱処理にしか適用されないもの

2)　ドイツにおけるごみ焼却場の平均は、電力：0.4MWh、熱：1.0MWh

◆結　論

報告書でまとめられた結論を以下に示す。

①居住地由来の廃棄物の蓄積をできるだけ避けるためには、まず、発生抑制を行う必要がある。

②２０２０年の目標達成に向けて、技術的には確実に従来の処理システムを改善することで実現が可能である。したがって、既に２０２０年よりもっと前の段階で目標を実現することも可能である。２０２０年の目標は従来の処理システムと関係なく実現できる。

③連邦政府の役割は、２０２０年の目標を達成するための法律の枠組みを決めることである。少なくとも必要な法律の前提は、従来の廃棄物の蓄積地を禁止するか、蓄積を行った場合に経済的に不利となるようにハードルをあげることである。そのためには、蓄積地禁止を実施するか、蓄積物の資源化、あるいは処理税を導入することが考えられる。または、それに合わせて再資源化、あるいは処理の目標を新しく設定すればよい。

④連邦政府の課題は、高価値に対する判断基準を導入しなければならないことである。この高価値の判断基準を決める尺度は、居住地で発生するごみの処理割合を決めることか、分別の効率化の基準を導入することである。

⑤それぞれの自治体で処理を行っている機関は、従来の処理政策を２０２０年に合わせなければならない。そのためには、柔軟な選択を可能にする枠組みをつくる必要がある。柔軟な選択を支えるには、市場経済性に依存することが最も重要である。

⑥民間処理業者や研究機関は、実現性のある処理方法を最適化するか、開発する必要がある。これによって処理方法の水準と生態系面での基準を上げることができる。

⑦２０２０年の目標を政策として決めることによって、ドイツの機械メーカーと処理事業者は画期的な処理技術を開発し、最先端のレベルを達成することが可能である。

2　ドイツの環境対策によるコスト緩和政策（国境税調整）

２００８年４月にはドイツ環境庁からGrenzsteuerausgleich（ＧＳＡ）[4]という報告書が出された。ＧＳＡは環境対策による追加コストを緩和するために、国境税を用いて費用分与するという意味で、いわゆる「国境税調整」である。

国境税調整を理解するために、中央環境審議会第９回施策総合企画小委員会検討資料[5]を参考に説明する。

日本の消費税については、輸入品に対する課税、輸出品に対する免税が行われている。輸入品については、保税地域から引き取る者は、輸入申告書を提出し、消費税を納付しなければならない。課税標準は、関税課税価格（いわゆるＣＩＦ価格）に関税の額と、消費税および地方消費税以外の個別消費税に相当する金額とを加算した額である。このため、海外で生産された製品については、商品を製造するのに使われたエネルギーコストを含めた製品の価値全体に対して消費税が上乗せされる。その結果、国境税調整がなされることになる。

一方、輸出の際には、消費税が免除される。これは、内国消費税である消費税は外国で消費されるものには課税しないという考えに基づくものである。輸出品となるものを仕入れる際には消費税を支払うが、仕入れに含まれる消費税および地方消費税の額は申告の際に仕入税額を控除することができる。

このため、商品を製造するのにエネルギーを使う場合でも、そのエネルギーに課税された消費税は、価格に上乗せされるため、輸出時に価格全体の中で還付の対象となり国境税調整がなされることとなる[5]。

国境税調整に関するＧＡＴＴワーキングパーティの報告書（１９７０年）では、国境税調整について、ＯＥＣＤによる以下の定義が採用されている。

「仕向地原則(destination principle)を、全体的または部分的に実現する税制的措置（すなわち、輸出国の国内市場で消費者に販売される類似の国内産品に関して輸出国において課される税の全部または一部を輸出産品から免除する、そして輸入国において類似の国内産品に課される税の全部または一部を、消費者に販売される輸入産品に課す措置）」

ドイツで国境税調整に関する報告書が出されたのは、環境対策への企業の負担が増大する中、製品の輸出入に関係の深い企業からの要望に応えて、負担軽減の方法を検討するためである。

環境対策のための追加コスト（エネルギー税、環境税等）に関して、輸出品には製造工程等で支払った追加コストを輸出時に還付する。国外からそれらのコストがかかっていない製品が輸入されてきた場合には、輸入段階でそれまでに使用したエネルギーの量等に応じて、追加コストを課税するといった国境税調整を行う。こういった対策により、環境対策による国内産業に負担が生じることを防ぐことを目的としている。

本報告書で国境税調整を考える範囲としては、ドイツのみでなくＥＵが圏域として想定されているものと考えられる。

◆背　景

ＧＳＡが考えられるようになった背景には、２００６年にフランス大統領が「気候税」（温暖化対策税）の導入を提案したことがある。これをドイツの環境大臣が取りあげた。ドイツの代表的なニュース週刊誌、シュピーゲル誌上でも紹介された。

２００７年６月２０日には、フィナンシャル・タイムズ（ドイツ語版）でも取りあげられた。見出しは「ヨーロッパの脅迫観念」というもので、これはＷＴＯ（世界貿易機関）のルール違反になるのではないかという内容であった。

しかし、２００８年にフランスでサルコジ大統領が就任した際、ヨーロッパの労働組合とヨーロッパ議会の「緑の党」が力を合わせて、環境対策をあまりとらない国から輸入されている製品に対して環境対策税を課すことが提案された。これは、エネルギー使用量の多い産業と、排出権取引に関係している企業が不利にならないための案とも言える。

本案は議論されたものの、国際貿易上の複雑な問題と絡むため、最初の議論の段階で２０１１年まで棚上げされることになった。

◆考え方

本案は、フランス、ドイツで議論されたが、最終的にはＥＵ内企業が環境対策を実行することによるコスト負担の増加を防ぐことにつながる。

ＧＳＡは、様々な環境対策に適用できる。しかし、現段階で提案された案の中で最も注目されているのは温暖化対策である。

報告書ではまず、国内と国外の温暖化対策を対象としてＧＳＡについて説明している。

(1) 目　的

ＧＳＡは輸入品に対しても、国内生産者と同じレベルの負担を課し、国内産業が環境対策を実行することによって不利とならないように検討するものである。このことによって、環境配慮型製品が国内でも公平な競争力を持つことが可能になる。輸出する製品の場合には、環境対策による追加的負担を補助金で免除することも考えられる。このことにより、国内の環境配慮型製品は国外でも競争力を持つことが可能になる。

また、今後、ＥＵに製品を輸出する国に対しても、温暖化対策への措置を促進するよう、刺激を与えることができる。国内またはＥＵ内の環境対策方法を改善することも考えられる。

別の面から言えば、現在の特殊法令もＧＳＡにより不要になることも考えられる。特殊法令とは、例えば、既に実施されているエネルギー税や排出枠の割り当てである。適用範囲・運用によっては、それらによる経済的負担をＧＳＡにより一元的に取り扱うことも考えられる。

(2) 類似の国境税調整の事例

ＧＳＡのような制度は既に存在している。例えばＥＵ域外諸国からの輸入では、タバコ、アルコール飲料への課税の例がある。

また、環境対策が背景となって導入されている国境税調整の例もある。例えば、アメリカのスーパーファンド化学物質法、およびＯＤＣ税等（オゾン層破壊化学物質税）である。

(a)スーパーファンド化学物質税(Superfund Chemical Excises)[5]

①概　要(図2·7参照)

スーパーファンド法(1980年)に基づき、土壌汚染対策のための基金が創設され、そのための財源として石油製品税、追加的法人税(1986年の改正により導入)とともに、スーパーファンド化学物質税(指定化学物質およびその誘導体に対する課税)が導入されたもの(1995年に課税停止)。

・対象：指定化学物質(42物質)

・課税額：指定化学物質1t当り0·22～4·87米ドル(物質によって異なる)

・国境税調整の対象(輸出段階)：指定化学物質および指定化学物質を材料とする物

・国境税調整の対象(輸入段階)：指定化学物質および指定化学物質を材料とする物(生産工程で指定化学物質を使ってつくられたものであり、原料の50%以上が指定化学物質を占める物等)

＊指定化学物質を材料とする物についての輸出段階での国境税調整の方法：申告に基づく還付措置

＊指定化学物質を材料とする物についての輸入段階

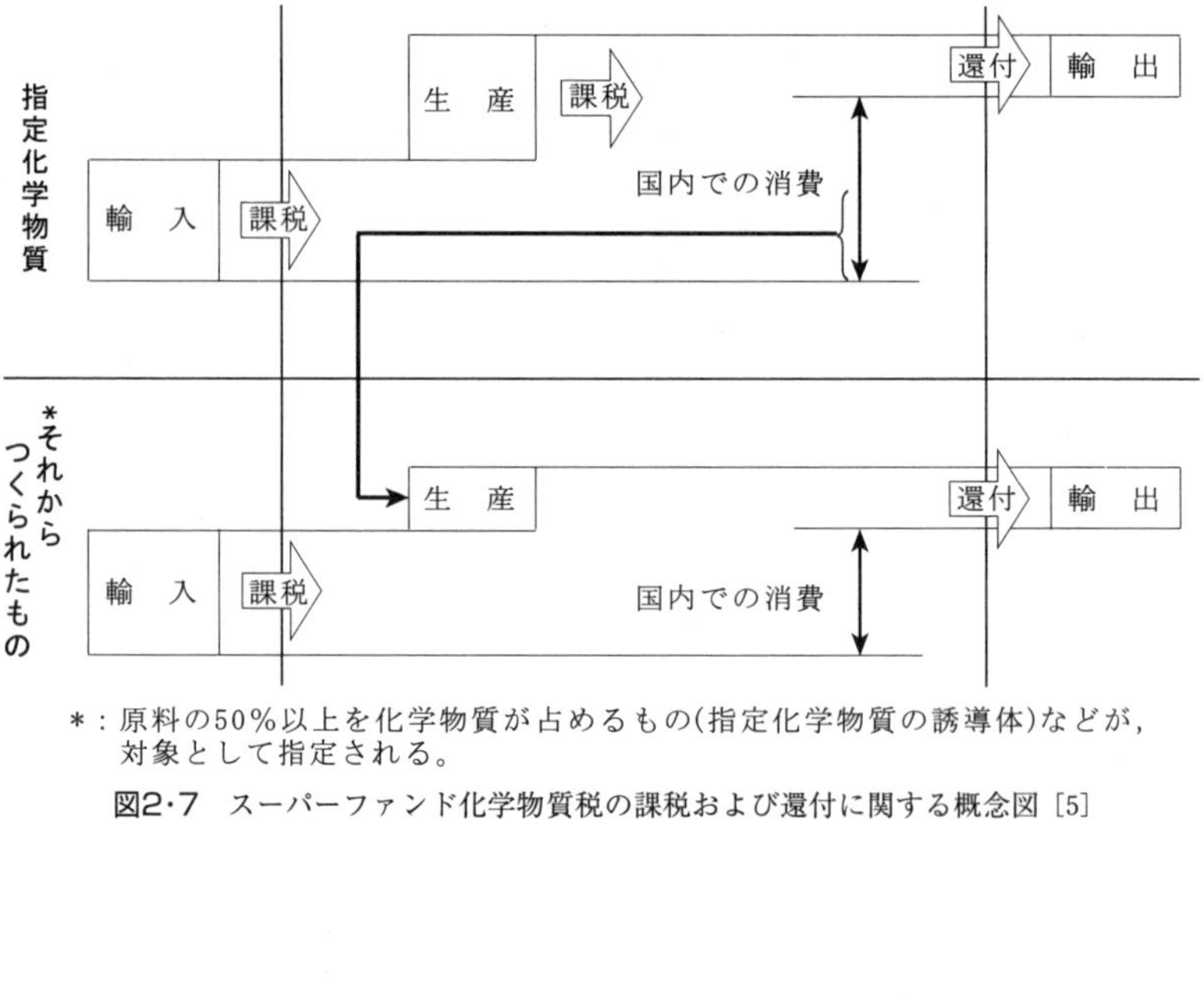

＊：原料の50%以上を化学物質が占めるもの(指定化学物質の誘導体)などが，対象として指定される。

図2·7　スーパーファンド化学物質税の課税および還付に関する概念図 [5]

における国境税調整の方法：

(i)輸入者が指定化学物質の使用量を示して、その情報に基づき課税

(ii)不明の場合、標準的な生産方法を想定して作成したリストを基に課税

(iii)(ii)にも該当しない場合、価格の5％を一律課税

②GATT・WTOとの関係

・カナダ、メキシコ、EUの提訴に基づく1987年のパネル裁定では、この国境税調整はGATTと矛盾するものではないとされた。

・生産工程での指定化学物質の使用量を示した場合には、その情報に基づき課税される仕組みを採っており、内国民待遇には反しない。

・ただし、リストに掲載されていない物質の場合に一律5％で課税する措置については、輸入品に国内製品以上の高い税を課す可能性があることが指摘されている。

(b) ODC(オゾン破壊化学物質)税[5]

①概　要(図2・8参照)

オゾン層破壊物質からつくられたものについては、オ

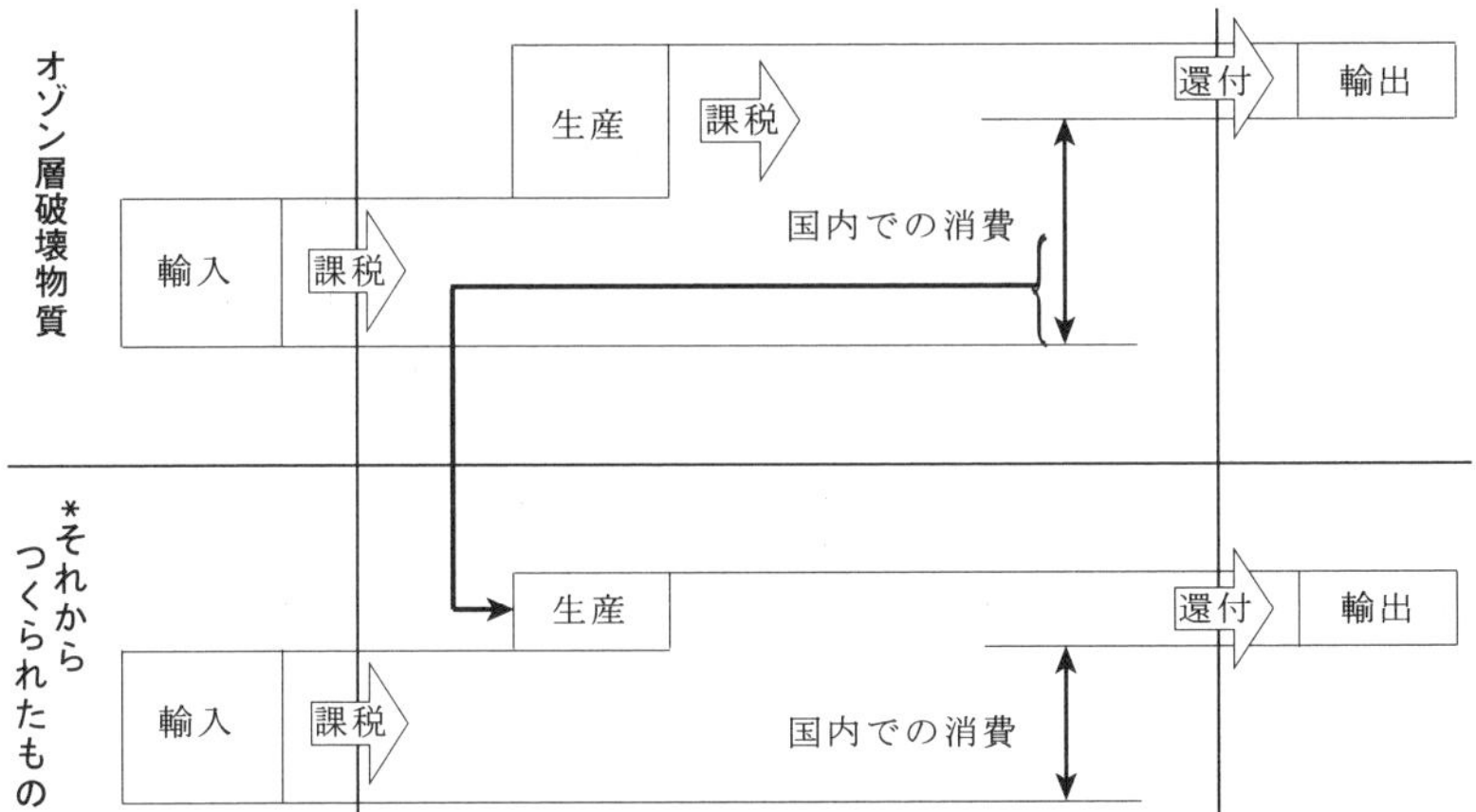

＊：製品の中にオゾン層破壊物質を含むもの(冷蔵庫など)，生産工程でオゾン層破壊物質を使用したもの(電子部品など)などを含む。ただし，オゾン層破壊物質の使用量に関する裾切りが行われているため，オゾン層破壊物質の使用量が少ないものは課税対象外となる。また，オゾン層破壊物質が，他の化学物質を生産するために完全に消費される場合も対象外。

図2・8　フロン税の課税および還付に関する概念図 [5]

ゾン層破壊物質が物理的に含まれているかどうかではなく、生産工程で使用されたオゾン層破壊物質の量をベースに、輸入に関する国境税調整が行われている。

・対象：フロン、ハロン等２０物質
・施行：１９９０年～
・課税額：標準税率は、初年度５・３５米ドル／ポンドで、１年毎に４５セント追加される。この標準税率に物質毎の係数(０・６～１０・０だが、ほとんどの物質が１・０)をかけたものが税率となる(例えば、ＣＦＣ１１やＣＦＣ１２の場合、この課税により９４年時点で価格が約３倍に上がった)
・国境税調整の対象(輸出段階)：フロン等対象物質
・国境税調整の対象(輸入段階)：フロン等対象物質および対象物質を材料とする物(生産工程で対象物質を使ったものが含まれるが、使用量に基づき裾切りが行われている)

＊対象物質を材料とする物についての輸入段階における国境税調整の方法：
(i)輸入者が対象物質の使用量を示して、その情報に基づき課税
(ii)不明の場合、標準的な生産方法を想定して作成したリストを基に課税
(iii)(ii)にも該当しない場合、価格の５％を一律課税

②ＧＡＴＴ・ＷＴＯとの関係
・ＧＡＴＴ・ＷＴＯで提訴された事例はない。
・ＯＤＣ税は低率の化学物質税と異なり、課税額が製品の最終価格の中で大きな割合を占めているため、脱税や密輸を誘発することが懸念された。このため、課税対象の判別方法について、環境保護庁(ＥＰＡ)から税関職員に対する研修などの点で協力が行われている。

(3) 国際的な貿易に関するルールとの調整

ＧＳＡは自由貿易を妨げる原因になる可能性もある。ＷＴＯの原則によれば、国内製品と国外製品を比較して差別化することは許されていない。しかし、相手国製品を悪い立場にすることは許されないとしても、改善を求めることに対しては取り決めが書かれていない。

報告書が作成された段階では、ＧＳＡに関する法的な判断例はないが、エネルギー税と排出権取引をテーマとした数々の文献はある。

◆内　容

（1）応用分野

輸入製品については、どのような製品を対象とするのかがまず問題である。

これにはいくつかの考え方がある。例えば、製品の特徴、特性、生産方法等が判断尺度として考えられる。しかし、輸入製品の膨大な数を考えれば行政負担があまりにも大きくなるので、基本的に環境汚染の原因、高いエネルギー消費、高いCO_2排出量に該当する製品を選択すべきと考えられる。

そういった製品について、国内で負担している追加コストを検討した方がよい。例としては、比較的エネルギー消費量の高い金属製品原料、建材等がある。

（2）対象とする貿易相手国

ＧＳＡをすべての国に対して平等に適用するのか、あるいは貿易相手国（ＥＵへ輸出する国）の環境対策、開発状況、エネルギー効率、CO_2排出量によって区別するのか、という問題がある。

疑わしい取り組みについては、その国が京都議定書に調印したかどうかによっても判断できる。

ＷＴＯのルール以外に、京都議定書に調印していない国で効果的な対策をとっている国もある。調印していても効果的な対策を実施していない国もあるが、別の角度から言えば、ＧＳＡの導入は相手国の温暖化対策目標に結びつけることもできる。

しかし、この方法はヨーロッパの温暖化対策目標と相手国の目標を比較することになるので、政治的判断が必要になる。

また、相手国が温暖化対策目標を持っていない場合は何を尺度に判断すればいいか、という問題もある。温暖化対策そのものは、その国が具体的にどのようなことを目標にしているかがわからないので、この案は勧められない。また、簡単な尺度として、例えば、相手国において炭素税の存在の有無だけを判断尺度にすることもあまりにも安易である。

したがって、ＧＳＡは温暖化対策としての目標ではなく、温暖化対策そのものを相手国とＥＵ各国で実施されたものを比較した方がよい。その場合に、対策そのものと、対策実施速度（実現性）を区別する必要がある。

(3) 課税負担額

ＥＵへの輸入品に対する課税額は、ＥＵ内で生産されたそれぞれの製品が、競合する国外製品と比べて、ＥＵ内で生産された場合に負担した追加額によってＧＳＡを決めることが考えられる。しかし、ＧＳＡを決める時には、相手国で既に同様の追加コストを負っているようなケースで、二重課税となることを避ける必要がある。

現段階で不明かつ議論の的になっているのは、ＧＳＡの導入によって発生する収入は誰のものか、という点である。もしも、ＥＵの財政上の収入となった場合には、加盟国への配分が必要であり、配分基準を決める必要がある。ＧＳＡによる収入は、様々な目的で支出することが可能である。例としては、一般国家予算の資金調達、または特別な温暖化対策の促進として使うことが考えられる。

(4) 温暖化対策によって既に発生している負担

ＧＳＡを導入する際には、輸入品に対して国内製品と同等の課税方法を考慮する必要がある。ＥＵにおいて、排出権取引は中心的な役割を果たす温暖化対策となっている。この制度は、関与している企業に負担をもたらす。一つは排出枠を購入する費用、もう一つはCO_2排出削減のための設備投資に要する費用である。

排出権取引制度が製品の製造コストにもたらしている影響を分析することは困難である。したがって、ＧＳＡの基準となる税単位を決める際に、排出権取引制度によって生じる費用を、それぞれの製品の実際のCO_2排出量と関連づける必要がある。

それ以外に、排出権取引制度が原因となっている電力消費による間接的影響により、製造コスト増となっているケースもある。この問題については、今後さらに検討を進める必要がある。

ＥＵ加盟国は温暖化対策として、場合によっては国家財政のためにエネルギー消費とCO_2排出量を対象とした税を課していることがある。このように、ヨーロッパ製品は環境対策のためにコスト負担が発生し、そのコストに対してＧＳＡを決める必要がある。

しかし、それぞれの製品に対する個別のコスト負担額を調査することは容易なことではない。なぜなら、コスト負担額は、各国の税制度、製品当りのエネルギー使用量、かつCO_2排出量に依存するからである。

製造で発生するエネルギー使用量とCO_2排出量は、

使用されている製造技術とエネルギー媒体に依存し、生産工程によっても違いが生じる。そのうえ、ＥＵ内でのエネルギー税と炭素税はかなり異なるので、均一な追加負担が発生するわけではない。したがって、追加負担は、それぞれの輸入国の規則によるか、ＥＵ共通の計算式で決定するかを検討する必要がある。

(5) 税以外に電力価格に影響を与えている他の温暖化対策

例えば、ドイツではＥＥＧ（再生可能エネルギー法）、ＫＷＫ（コジェネ型の発電所）に関する負担がある。ＧＳＡでこのような方法も配慮することになれば、既に述べた「温暖化対策によって既に発生している負担」と同じような問題を解決する必要がある。各製品の電力による負担に加えて、各企業に免除額（塩ビなど）を含めて計算に入れる必要がある。

こういった経済的な対策以外にＥＵ各国では製造プラントの規定値や、特定の化学物質の使用禁止もある。これらの対策が、費用増加の原因となる可能性もある。同様の問題は、ある企業が新しい技術の導入によって生産工程で化石燃料の代わりに再生可能エネルギーに転換した時にも起こる。

重金属である鉛、クロム、カドミウム、水銀などＲｏＨＳ指令によって禁じられた物質を代替品に転換する時も同様である。ＧＳＡを決める際には、これらの対策が製品価格に与える影響も考慮する必要がある。

有害物質の規定値との差から各企業にＧＳＡの配分を決めることも難しい。今後は、このような非経済的措置を経済的措置として換算する方法を検討することも必要になる。

◆まとめ

これまでに取りあげた問題の解決法の一つは、ＢＡＴ（最も適切な技術）、またはベンチマーク（ある基準を示すこと）である。そういった基準によってＥＵレベルの規則、法令を導入することで、負担割合表を作成することは可能である。

これらの方法の利点は、追加負担率は、具体的にヨーロッパで製造された製品の実情を反映し、輸入製品を差別化しないことである。最適基準を基盤として輸入製品を判断することができるからである。

環境保護の面からは満足のいく解決法にはならないが、ＧＳＡが比較的低い水準になって、国外への輸出にも従来と比べてそれほど大きな影響を与えないことは事実である。

しかし、すべての製品に対するＢＡＴや、最低エネルギー使用量を決めることはそう簡単なことではない。したがって、ベンチマークに向く製品に対象を限定した方がよいのかどうかをこれからさらに検討する必要がある。

3 成長戦略に向けて危機を乗り越える－ドイツＢＤＩ報告書から－

ＢＤＩ(Bundesverband der Deutschen Industrie) は「ドイツ産業連盟」であり、日本における日本経団連と同様、ドイツの産業界で主導的な役割を果たしている。

ＢＤＩは２００８年６月に、２０２０年までのドイツ経済の見通しについて、ＢＤＩマニフェストとも言える「ドイツの成長と雇用」[6]という報告書を発行している。しかし、同年９月に、リーマン・ショックとして知られる国際的な経済危機が発生した。また、２００９年９月２７日の連邦議会選挙も視野に入れて報告書[6]の見直しが必要になった。

「成長戦略に向けて危機を乗り越える」[7]（２００８年１１月）は、このような状況のもと、今後も成長戦略を可能とするための方向性や具体策についてまとめられたものである。

ここではこの報告書の概要を説明することによって、ドイツ産業界がどのように成長戦略を維持しながら危機を乗り越えようと考えているのかを紹介する。

◆背　景

２００８年９月の国際的な経済危機により、経済社会において様々な緊急対策の必要性が明らかになった。同時に、グローバル金融市場危機が現実の経済に与える影響は、より深刻なものになること、先進各国の経済状況に与える影響も予想外の規模で拡大していることもわかった。この危機を乗り越えるためには、予想以上の時間を要すると思われる。

さらに、アメリカ・オバマ大統領の新しい方針と、その実現性については、明確な経済成長が掲げられていないので、ドイツの連邦議会選挙およびドイツの政治がどのように変化していくかについて、予想しにくいことも事実である。

しかし、実状に迫られた産業界の立場では、必要不可欠な対策を棚上げにしてはならないことも事実である。そのため、現状を考慮したうえで対策を短期・中期・長期に分けて考えることが望ましい。その場合には、金融経済と現実の経済を結びつけて考えることが必要である。

◆フェーズⅠ　短期：危機対策

現在のグローバルな経済危機の原因は、アメリカとイギリスの金融市場で発生した混乱によるものである。グローバル金融市場も、その渦に巻き込まれた。ドイツの経済への影響はそれほど大きなものではなかったが、政府と議会は速やかに対策を講じ、ある程度金融セクターを安定化させることに成功した。

特に国が金融機関どうしの保証人としての役割を果たしたことにより、金融市場の信頼を安定化させることができた。結果として、銀行が本来の役割である、企業に資本金を提供する機能を維持することができた。金融危機が現実の経済に直接的に影響を与えることから考えると、国が重要な役割を果たしたことがわかる。

公的資金の投入、特にインフラへの投資により経済を回復できる枠組みができたことは、長期的成長を可能にする対策とも言える。

◆フェーズⅡ　中期：信頼関係の向上

極端な影響を与えた経済危機を「悲惨な出来事」と解釈するのではなく、チャンスとして受け止める必要がある。したがって、市場での利害関係者が互いに信頼関係を安定化することができれば、よりはやく、金融経済と現実の経済が、力強く危機を乗り越えることが可能になる。

確かに、グローバルな金融市場への信頼性は大きな打撃を受けた。振り返ってみると、金融経済は現実の経済からかけ離れた活動により、市場からの調達を通じて企業に投資するという本来の役割よりも別の、金融商品への傾倒が高まった。そのことが、より深刻な金融危機を生み出す結果になってしまった。

しかし、グローバルな金融システムの再編成は、政治家の重要な課題として速やかに解決しなければならない。

既に国際レベルでは、金融システムに関する重要な会議が開催された。ＢＤＩが政府に考えてほしいことは、グローバルな金融システムの改善を行う際に、現実の経済の見通し、考え方を視野に入れることである。また、その際には、金融機関の人のみでなく、現実の経済界に実績を残した人も活躍してほしい。

既にＢＤＩが出した基本的要求事項を政治家に提出したこともあった。ドイツ産業連盟の考え方は以下のとおりである。

①金融機関のリスクマネジメントをよりよく行う必要がある。

②投資家に対して透明性のあるルールを提供する。つまり、投資した資金がどのように使われているのかがわかるようにする。

③金融システムの監査・監視を国際レベルで適合性あるものに改善する。

④金融機関の評価システムの透明性と品質改善。

⑤金融商品の価値判断の方法を見直す。（例えば収支決算等に際して、アメリカでは不動産の価値をその時点での市場価格を用いるが、ドイツではワーストケース、すなわち実際に売れなくなった場合の評価価格を用いた）

以上の提案が実施された場合に現実の経済を十分に安定化させることができるかどうかは、今後明らかになる。様々な個別対策、不十分な予算から判断してみると、疑問も起こる。場合によっては、次の安定化プログラムを発足させる必要もある。２番目の対策を考える場合には、より公的な投資と、私企業における投資を促す、刺激になる対策をとる必要性が高まってくる。

さらに、中小企業には銀行からの資金が回りにくいので、中小企業を対象として貸付金を提供する枠組み、具体的数値目標を考える必要がある。

◆フェーズⅢ　長期：成長戦略

金融危機発生前の３年間の経済成長は、比較的順調なものと言えた。しかし、もう一方で明らかになったことは、ドイツの経済の根本的問題として成長ポテンシャルが低すぎるのではないか、言い換えれば成長の増加が不十分で、低いレベルに留まっているということである。

過去数年間、ドイツは成長という観点から見れば、それほど進展しなかったことは確かである。別の観点から言えば、過去３年間の好景気のチャンスにより、国家経済の成長基盤が十分に強化されたとは言えない。

言うまでもなく、経済成長は不可欠である。なぜなら、新たな職場をつくることによって雇用機会が増え、福祉ネットワークも安定化させることができる。さらに、増加する税収を使って、国の財政安定化を確保することも安易になり、将来への投資もより容易になる。

さらに、成長によって、より高い収入への扉も開かれる。経済成長そのものがすべてではないが、成長がなければ、すべてが無になる。

ここで、成長という意味は、単に今までのようにものをより多く生産・消費することではない。これまでの成長を、今後は「質の成長」と解釈すべきである。よりよく成長することが新しい方針になる。この意味から、まず、成長は製品製造のよりよい品質を目指さなければならない。

言い換えれば、目標となるのは、エネルギー効率をより改善し、環境負荷の削減、資源使用量の削減を図りながら将来性のある職場をつくることである。したがって、２％以上の成長率を実現することは高い目標に見えるが、現実的基盤を欠いた要求ではない。

ドイツにおいて、「早い成長」を否定する理由はない。言い換えれば、過去３年間の１・５％の成長率が表している成長より、ドイツの持つ可能性は高いと考えられる。さらに、ドイツは、より高い成長が必要になる。そのためには、現在の構造的な問題を解決することが欠かせない。例えば、国債の削減、失業率の削減、収入の増加、インフラの最適化と拡大などである。

現在、グローバルな金融危機の打撃を受けたドイツは分岐点に立っている。昔の成長力不足の状態に戻るか、あるいはアジェンダ２０１０の改善プロセスの継続を選択するかの判断である。

長期的成長戦略には、まず明確な法律の枠組みが必要である。現在の社会的市場経済システムは、様々な経済に関する法律・法令に基づいて現在の経済活動の基盤となっている。この経済システムによって信頼性が高まってきて、投資活動や消費者の長期的な信頼を確保している。

今後、以下の３つの課題を乗りこえる必要がある。

①ドイツの社会は社会的経済を明確な形で求めたうえで、道徳的なルールに基づいてグローバルな競争に関与すべきである。

②責任ある活動をしている企業家への市民の信頼性を改善する必要がある。

③金融危機の原因で現実の経済で発生した混乱の解決を政治・行政に任せても、政治・行政と経済界との関係を悪化させてはいけない。

これらが解決すれば、より高い成長と雇用が促進されるという２つの効果を期待できる。

長期的成長戦略の焦点となるのは、製造業と製造業に近いサービス業である。ドイツは言うまでもなく産業国である。製造業と製造業に近いサービス業は、単に崩壊する投資バブルをつくる企業ではなく、実際の価値を生み出す唯一の業種として活動している。

製造業と製造業に近いサービス業は成長を促す原動力でもある。過去3年間の好景気の時期に活躍した企業は、条件さえ満たされれば、長期にわたって活動できると考えられる。より高い成長、質的によりよい成長は、両方とも空想ではなく、実現可能である。

ＢＤＩは以下の５つの分野において、よりよい成長が可能と考えている。各分野において、先にあげた３つの基本的な対策を考え直す必要がある。合わせて、事後対策項目は、より重要な政治的対策を指していると考えられる。

５つの分野は以下のとおりである。

①教育とイノベーション
②インフラ
③税金と金融
④エネルギーと気候
⑤グローバル化

ドイツがよりよい成長を実現できるのかを判断する場合は、いくつかの成長指標を使って判断すべきである。下記の指標は成長をそれほどはっきりと表すものではなかったが、おおよその傾向はわかると考えられる。

現在のレベルを基にして判断に使われる係数を用いて、２０２０年の目標を仮定する。以下の数値は現時点で特に意味のあるものと考えられる。

・ＧＮＰに対する公共支出の割合

現在　４３・９％　目標値　４０％

・税金の割合

現在　３９・４％　目標値　３５％

・公的投資の割合

現在　１・６％　目標値　２％

・雇用率（雇用可能率）

現在　６９・４％　目標値　７５％

・研究開発割合

現在　２・６％　目標値　３％

・教育費の割合

現在　６・２％　目標値　７％

ここで紹介した短期・中期・長期の3段階における戦略を実施した場合、国の予算への影響も明らかである。経済危機を乗りこえるための短期的対策には、かなりの公的資金が必要である。このため、国債が短期的に増加することは避けられない。しかし、中期的には安定化目標を必ず視野に入れなければならない。なぜなら、金融システムと現実の経済の統合化を目指す意欲を明らかにしない限り、市場参加者と国民の信頼を取り戻すことは難しくなるからである。

長期的な観点からみれば、安定化対策への成功は、より高い成長率を実現できるかどうかに依存する。

より高い成長がなければ、安定化した国家予算、より高い公的投資、そして市民と企業の税負担の軽減といった「新しい均衡」を実現することができないからである。

そして、成長戦略を実現するには、幅広いコミュニケーションの働きかけが必要である。

すなわち、ＢＤＩの戦略とは、成長率を向上させることによって、余裕ある経済を実現し、それによって新しい社会経済基盤を構築する。そのことによって低炭素社会実現への余地をつくろうというものと解釈できる。

しかし、筆者（フォイヤヘアト）の考えでは、少なくとも一点を見逃してはならない。それは、経済成長と環境負荷（資源使用量など）の削減が基本的に両立しないという問題であり[8][9]、ＢＤＩの発言と主張の盲点として判断しても過言ではない。

●（第2章）参考・引用文献

[1] Verbuecheln, M.: "Strategie fuer die Zukunft der Siedlungsabfallentsorgung (Ziel 2020), Ecologic - Institut fuer Internationale Europaeische Umweltpolitik, Berlin, 2005

[2] 古市徹・谷川昇・石井一英：ヨーロッパにおけるWaste to Energyの動向、廃棄物学会誌、１８巻、３号、ｐｐ１７２～１８１、２００４

[3] 酒井伸一：ダイオキシン類のはなし、日刊工業新聞社、ｐ２５、１９９８年

[4] J. Hilbert, H. Berg: "Grenzsteuerausgleich fuer Mehrkosten infolge nationaler/europaeischer Umweltschutzinstrumente-Gestaltungsmoeglichkeiten und WTO-rechtliche Zulaessigkeit", ISSN1862-4359, Umweltbundesamt, Dessau-Rosslau, 2008.4

[5] 中央環境審議会第９回施策総合企画小委員会検討資料、２００５年７月２９日　http://www.env.go.jp/council/16pol-ear/y163-04/mat03.pdf#search='ＯＤＣ税'

[6] BDI: Manifest fuer Wachstum und Beschaeftigung ? Deutschland 2020, BDI Drucksache 411, Berlin, 2008.6

[7] BDI: Aus der Krise in die Wachstumsoffensive ? Konzeptentwurf fuer eine BDI-Wachstumsstrategie, 2008.11

[8] Ｋ・Ｈ・フォイヤヘアト環境と経済が両立しない理由は重要な共通要因の存在である、２００９年４月　http://www.ecodynamicsexpert.com/jastat/

[9] K.H. Feuerherd: Recognizing the Limited Usefulness of LCA Results for Making Administrative Policies and Entrepreneurial Decisions, 2009.8 http://www.ecodynamicsexpert.com/jastat/

第3章　ものづくり

２０１０年３月に発表された「地球温暖化対策に係わる中長期ロードマップ（環境大臣試案）」では、温室効果ガスの排出量を２０２０年までに１９９０年比２５％削減、２０５０年までに８０％削減するための具体的対策が提示された。

「ものづくり」（産業）分野では、世界最先端の技術を導入することが目標となっている。「日々の暮らし・地域づくり」（家庭、・業務・運輸）分野では、それらの成果を大幅に取り入れることが目標達成への具体策として示されている。

これらの実行がもたらす経済効果としては、①低炭素投資がイノベーションを生み出す、②イノベーションが財の価格や光熱費を下げる、③新たな需要・新たな産業を呼び起こす、④現状の経済や雇用状況を改善する、などのことが期待されている。

ロードマップにより、ものづくりの方向や今後あるべき社会が具体的に描かれている。その実現の成否は、すべての分野で目標を共有し、それぞれの分野における実践を通じて人々が対策や製品に魂を入れていけるかどうかにかかっている。

1 ものづくりへの職人的こだわり－日本－

戦後の日本は「経済的に復興した」と言われているが「復興したのは経済だけだった」と言うべきだと述べたのは会田雄次氏（１９１６～１９９７年）である。

同氏はその著書『歴史家の心眼』[1]の中で、戦後の経済成長によって日本人の失ったものとして、職人が消えていった現象を指摘している。高く売れるかどうかは別として「よいものをつくりたい」、「自分の腕を磨きたい」という職人の創意工夫が活かされる機会が減り、心のこもった品物が人に与える「安らぎ」、「充足感」が失われたというものである。

品質で世界を凌駕してきた日本製品を支えてきたのは、日本人の職人的こだわりである。ここで職人が消えていった現象とは、ものづくりに関わる「作り手」側の変化である。

本書[1]ではさらに、機能性だけを重視し、効率や採算を徹底して計算するのはアメリカの経済論理であることが指摘されている。戦後、日本人の経済活動から「安らぎ」が欠落していったことは、アメリカの経済論理が日本を支配した結果であり、「売買の価値」しかない経済社会がもたらされた結果、国民の充足感がなく、ただそこを脱してレジャーや趣味に生きようとする「豊かな不満社会」がもたらされたという。

「豊かな不満社会」とは、ものを受け取る側、いわゆる「使い手」が構成する社会の変化である。

この著書[1]は、約１０年も前に書かれたものである。ここでは既に、今日の日本の行き詰まり、いい知れぬ不安感は、日本人の民族性、日本の歴史と伝統を無視したアメリカの指示とアメリカ的価値観のもとでやってきたことによる、と述べられている。「アメリカの理想」はアメリカにあってのみ成り立つのであり、２１世紀に第一に望まれるのは、この世界帝国、歴史と伝統を持たぬ多民族人工国家アメリカが、その粗雑、幼稚な社会を大人として成熟させ、これまでの世界史にない新しいアイデンティティに基づく国をつくりあげてくれること、日本をはじめアジアもヨーロッパも、この世界統一帝国の愚かな支配から脱し、自分たちの個性に基づく国々とその集合体をつくってゆくことである――と厳しい論調で述べている。

こういった意見を見過ごして、さらにアメリカ型社会を目指した日本では、２００８年秋のリーマンショックに端を発するグローバル経済の大混乱に巻き込まれることになった。

国柄となじまないことをやってきた結果は、国家と国民、職場内、地域社会内での人間どうしの不信の連鎖、さらに言えば家族の崩壊など、経験のない輻輳した問題となって顕在化している。

◆歴史の重層構造になじむ対策

イギリスの政治家、政治哲学者であり著作家であったエドマンド・バーク（1729～1797年）は、政治体制や社会秩序の「継続」こそが重要で、安易に合理主義的精神でもって、社会を根本的に変革できると考えてはならないと述べている。歴史的なものの中にある知恵を無視してはならない。知恵は伝統や慣習という「相続財産」の中に埋め込まれている。その国の伝統の「遺産相続人」であることを無視して秩序を大変革しようとすれば醜い権力争いが起こり、社会が大混乱に陥るというのがバークの主張である。

バークの考えを、環境分野における排出量取引や、国際規格が国民生活に間接的に影響をもたらす問題に関連づけて検証してみると、参考になることが多い。

例えば、バークの言う

> 合理的で根本的な社会変革などという大それた計画を疑うこと。抽象的・普遍的な原理ですべてを割り切るのではなく、特定の国や地域という文脈で歴史的に具体的に展開されてきたことを、いっそう信頼すること。

などは、海外発の考え方や方法がすべて国柄になじむのかという潜在的疑問への回答と考えられる。

製品の輸出入や政治レベルでは国際的な動きに対応しなければならない。しかし、同様なやり方で手法や考え方を、直接的に国民生活や国内の地域政策に持ち込むことには慎重さが必要である。

イギリスの戦後を代表する思想家であるマイケル・オークショット（1901～1990年）の

> 見知らぬものよりも慣れ親しんだものを好み、試みられたことのないものよりも試みられたものを、神秘よりも事実を、可能なものよりも現実のものを、無制限のものよりも限度あるものを、遠いものよりも近くにあるものを、あり余るものよりも足るだけのものを、完璧なものよりも重宝なものを、理想郷における至福よりも現在の笑いを

という説も、現在の経済活動とそれに関連する環境対策を進めるうえで間接的に参考になる。

戦後から続く都市への人口集中やそれに伴う土地利用の改変、最近では地球温暖化の影響と見られる気候や自然生態系の変化が起こっている。しかし、国際規模の排出量取引のような、各国、各地域を世界地図上の一単位とでも扱った不確実な手法による効果より、それによってもたらされる混乱や地域への影響に警戒心を持つのは、普通の人間がごく自然に身につけている知恵だと思われ

るからである。

◆ものづくりの基本から離れた市場経済

佐伯啓思氏[2]は、市場競争は経済を活性化することによって、どのような生活をするか、どのような国土をつくるかが大事なのであって、市場競争そのものが大事なのではない、富を生み出すことそのものではなく、富をどう使うかが重要であると述べている。

低炭素社会構築への投資によってイノベーションを生み出し、それによって新たな需要・新たな産業を呼び起こし、結果として現状の経済や雇用状況を改善することは期待できる。しかし、市場競争そのものが目的である限り、職人の創意工夫が活かされる機会が減り、「働く」ことの意味や価値そのものが生まれにくい。国民生活においても、「豊かな不満社会」を構成している従来製品が、エコ製品にとって替わられるだけである。

ドイツでは地方に大きな都市があり、それらが鉄道で結ばれている。都市と都市の間はほとんど田舎と森林である。都市そのものも近代化志向はなく、中世や近世以来の城壁都市の伝統をそのまま維持しようとしている。例えば、ドレスデンは戦争によって壊滅状態になったが、戦後、残った地図や写真を頼りに戦前のドレスデンを再現しようという活動が市民によって現在でも続けられている[2]。

ドイツに限らずヨーロッパではどの由緒ある都市も、都市の基本的構造がすべて同じである。例えば町の中心部に市場と広場があり、それをはさんで教会と市庁舎、場合によっては王宮がある。現代に到るまで、歴史的記憶と遺産の上で暮らしている[2]。

日本は人も物もすべて東京に集め、東京を発展のモデルとしてきた。地方、あるいは郊外と東京との人、物の流れをできるだけスムーズにし、東京をモンスターのように拡大するとともに、国内の関心を常に東京に集中させ、地方の歴史的記憶と遺産の価値を薄めることが進歩だと誤解されてきた。

歴史的に見て、アメリカ、イギリスは、物事をシステムとして捉えて効率的に支配する能力によって金融と近代資本主義を発展させてきた、と述べているのは榊原英資氏である。

同氏はその著書『食がわかれば世界経済がわかる』[3]で、植民地支配、プランテーション経営を最も効率的かつ狡猾に成功させたのはイギリスであることを指摘している。金融と近代資本主義のシステムを確立したのもアメリカ、イギリス両国であり、産業革命によって大量生産システムを確立すると、その物量をもって市場を押さえ、戦争でも物量で敵を圧倒してきたという。

しかし、最近では、英米とも製造業では後発国に品質で追い越され、最近では世界最大の自動車メーカーであったＧＭまでもが、省燃費技術の立ち後れ等で日本のトヨタのプリウスなどにシェアを奪われた。

こうした製造業の危機に対して、アメリカはヘゲモン（覇権国）として、資本主義のシステムやルールを自国に有利な方向に転換し、モノづくりでは劣勢になっても金融の力で利益が上がるようにするために、ニクソンショック、プラザ合意、金融ビッグバン、ＢＩＳ規制による世界的な金融ルールの変更や、ＩＴ技術を駆使した金融の技術革新等によって産業構造の転換を図ってきた[3]。アメリカは、世界経済の仕組みそのものを自国に有利なシステムにパラダイムシフトする構想力には抜きんでたものがあり、自国のシステムをグローバルスタンダードに仕立てあげ、他国に輸出する政治力も強烈であるという[3]。

大恐慌後の１９３０年代に入ると、自動車産業のフォードなどによって、製造業で本格的な大量生産の技術が生み出され、工業製品の価格低下と普及が急速に進んだ。その機械製品の大衆化をきっかけに、世界を本格的な工業化時代に導き、その中でトップを切ることで２０世紀後半、第２次大変以降は「アメリカの時代」になっていった[3]。

榊原氏は、システマチックな手法を「食」の分野にまで持ち込んだのがファストフードであると指摘している。そのうえで、２０世紀後半にアメリカが行った「食の工業化」をめぐる一連のイノベーションは、食に対する人々の感性を鈍らせ、食文化を堕落させ、不健康な人間を大量生産したことを鋭く批判している。

「食」とは本来、多品種・少量生産でなければ豊かにならない、地のものでなければ新鮮でない、旬のものでなければおいしくない等の点から、工業的な生産に向かないもののはずだからである。そういった意味からもアメリカナイゼーションが日本の伝統的な文化に影響を与えた中でも一番深刻なのは、食文化の崩壊だという[3]。

◆「自然愛」、「自然との共存」を欠落した環境対策

CO_2の最大排出国であったアメリカは、京都議定書の取り決めから離脱して以降、環境対策には距離をおいてきた。このことは、他の先進国のどのような対策をも帳消しにするほどの影響力を持っていた。こうした経緯から考えれば、アメリカがグリーン・ニューディール政策を中心として環境対策に乗り出すことは歓迎すべきである。

一方、経済の立て直しが環境産業と連動されている以上、背景にはそれをターゲットにして経済的利益をあげようとする判断がある。

これは日本やドイツでも同様である。例えば太陽光発電や風力発電など、新たな発電システムの導入に伴う新たな装置、施設の建設・維持管理のためには新たな工業生産が必須となるからである。

一方、このことは、自然エネルギーの利用等によって、使用期間内の省エネルギー化が進むとしても、やり方によっては大規模な新たな工業生産の増加、従来製品の大量廃棄によって、さらに環境問題を悪化させる危険性もはらんでいる。

日本もＥＵも、世界最大のCO_2排出国であったアメリカに強く削減努力を求めてきたからには、アメリカの環境政策の大胆な転換を、好意的に認めなければならない。

しかし、そこに異質なものを感じるのは、会田氏が、もともとアメリカは農業時代からして、ただ安価で大量に生産するという効率主義しかなく、稔った作物、つくった農産物をいとおしむ気持ちなどない、狩猟民族が殺した獲物に対するのと同じ心情のまま[1]と述べたのと同じく、環境対策が単に経済立て直し対策や投資対象と位置づけられているからである。

アメリカのグリーン・ニューディール政策からは「自然愛」、「自然との共存」といった意味合いのキーワードは聞こえてこない。自然を慈しんできた日本、持続可能性を追求するドイツとは環境対策の考え方の根本から異なるところがある。

経済の立て直しや雇用状況の改善は、言うまでもなく政治の最重要課題である。しかし、経済立て直し対策や投資対象のために環境を利用するのは、本末転倒である。

◆本末転倒にならないものづくり

大量生産、大量消費により製造業を中心に経済を牽引してきた資本主義社会は、ものが充足状態に達することによって十分な利潤を生まなくなってきた。その結果、規制緩和を行い、生産要素を商品化することによって利潤を生み出すようになった。

グローバルな資本主義や市場経済の中では、ギリシャ、ポルトガル、スペインなど、世界から見れば小さな南欧地域の財政赤字が、一瞬のうちに世界経済の混乱に伝播するようになっている。

生産要素として、例えば佐伯啓思氏は労働、貨幣、自然資源をあげている。そのうえで、次のように述べている[4]。

> 本来、市場が成長するためには、その条件である生産要素としての労働、貨幣、自然資源等が安定化されている必要がある。つまり、市場はそれらの生産要素を組み合わせて生産し、市場で売ることで成り立つので、市場を成長させるためにはその条件自体が商品化されては困る。例えば、自然資源は地球環境、労働は人間そのもの、貨幣も基本的には信用をベースにしている。

自然資源であるエネルギー問題、環境問題、食料問題は、本来、社会の中で安定した形で存在し、我々はそれを共同で利用したり管理するはずのものである。そういったものを商品化して競争の中に入れてしまったことが今日の混乱の原因の一つである。すなわち、生産要素を無理に商品化し、それらを自由に動かすことによって流動性を発生させ、強引に経済を発展させてきたのがこの10年であるという。

こうした生産要素のマーケット化と同時平行で、基軸通貨ドル、市場原理主義を中心として世界が統合された。そのパワーマネーが積み上げられた状況の中で、リーマンショックをきっかけに世界経済が危機に追い込まれた。

もしもCO_2の排出量の売買によって炭素が通貨と同様の役割を果たすようになると、生産要素の一つである「貨幣」に直接的な影響を与えるようになる。CO_2の排出量は事業活動と連動しているので、生産要素である「労働」にも間接的に影響を与える。そして、バイオマス、太陽光、風力など、再生可能エネルギーの利用が、基軸通貨ドル、市場原理主義を支配する国によってコントロールされることになると、生産要素としての「自然資源」の安定性も失われることになる。

２００９年４月にはロンドンでＧ２０金融サミットが開催された。この場では史上未曾有のバブルを引き起こす原因となったドル中心の国際通貨体制の見直しと、バブルを繰り返させないための市場規制が重要なテーマとなった。ドイツ、フランスなど欧州のユーロ加盟圏や、中国など新興国でこれまでの体制を変えようとする意見が強い。

佐伯啓思氏は、「グローバル経済の最大の問題点は、発展段階、社会構造や文化的価値観も異なる国を共通の尺度で測ってしまうことである」[2]と指摘している。技術自体は普遍的なものだが、その技術はすべての国で使えるわけではない。すなわち、国の社会構造のあり方や文化をベースにその国に必要なものを見極め、共存できる枠組みをつくる必要性を述べている。

日本では、①世界で最も高いレベルの環境技術を持ちながら、グローバル経済の問題による影響を直接的に受け、かつ、②自然と共存する長期にわたって蓄積された文化を持ちながら、「近代化とは欧米化とほぼ同義」という基盤上に成り立つ人間と環境との関係を普遍的モデルのように考える傾向がある、という質の異なる問題の渦中にある。

◆これからの方向性

日本とドイツは、ものづくりに職人的こだわりを持ち、品質で世界を凌駕してきた。

品質に優れているということは、使い手へのきめ細かい配慮に行き届き、環境との調和を根本としていたということである。高品質であるために長持ちするという特性も、使い手にとって有益であり、結果として省資源になる点で環境配慮型であった。

冒頭のロードマップは、今後の環境対策や経済対策の基本となる。しかし、エコ製品の普及そのものを目標とするのではなく、まず、地域の条件に合わせて人々の工夫によってどのように使えば、それらの効果を最大限に発揮できるかを考えなければならない。そのステップとして、地域の自然条件や社会構造を明らかにし、そこに住む人々の間で認識すること、それらに人々がどう関わってきたのかという、歴史的なものの中にある知恵を活かすことが必要である。

空疎なモデルルームのように、エコ製品が配置された空間の中に「人」を位置づけている限り、そして、エコ製品の量的需要を満たすためだけのものづくりが行われている限り、新たな手段で経済復興を目指したところで、作り手にも使い手にも安らぎや充足感が生まれるはずがない。

2 マイスター制度－ドイツ－

ドイツは、職人的なこだわりによって、ものづくりを精緻化してきた国である。それを象徴するのが、「マイスター制度」である。

周知のように、ドイツは環境対策でもアメリカよりずっと早くから技術開発や法的な整備に取り組んできた。

そして、京都議定書の取り決めからアメリカが離脱したことを逆に利用して、ＥＵルールを世界標準に導き、国際的枠組みづくりに実績をあげてきた。

◆マイスター制度発祥の経緯

「マイスター制度」はドイツ発祥の職能訓練制度である。

「マイスター」の資格は、各職人の専門的な技術や理論を完全にマスターした人に、法律で規定された手工業会議所から与えられる。この制度は、中世以来の手工業の技を引き継ぐために、職能制度として１９５３年に法制化され、ドイツの産業発展を支えてきた。

マイスター制度の基礎とも言える「手工業法」は１８９７年６月、第９代プロイセン王国国王・第３代ドイツ帝国皇帝であるヴィルヘルム２世時代の帝国議会の決議によって制定された。この法律は現在に到る手工業に関する規則の出発点となっており、様々な組織、委員会等の基本もつくられた。１９００年４月には７１ヵ所の手工業会議所が設立された。

筆者の一人であるフォイヤヘアトがドイツ在住中に勤務していたＢＡＳＦ（世界最大の総合化学メーカー）は、

１８６５年に設立された長い歴史を持つ企業である。化学会社には生産設備として、反応器やボイラーなど品質の高い独自の生産設備が必要である。化学原料や反応器の取り扱い、設備の維持管理にも高い専門知識が要求される。ＢＡＳＦでは販売する化学製品を製造するための基本的な生産設備も自社で製造してきた。そのためには専門職であるいわゆる「職人」が必要だったため、国としてマイスター制度が整備される以前から、既にマイスター制度に似たような教育・訓練制度の導入に着手していた。

現在でも社内の研究所や工場には、大学や大学院を卒業した最新的知識を持った化学者と、マイスターがいるという二重構造になっている。日本でいう中卒程度の若者が助手の資格を取得するために研究所や工場に配属された場合には、服装のチェックや実験用具の扱いなどについてはマイスターが指導し、実験は化学者が指導する。

マイスターは高齢な人が多いこともあって、新入社員にとって人間関係をうまくやっていくことはなかなか大変である。

フォイヤヘアトの学生時代には、化学関連の学部、分野のある主要大学の研究所の敷地内にガラス工房や金属加工工房があり、実験に必要なガラス器具や反応器を要望に応じて製作していた。そこにもマイスターがいた。

◆量産品を凌駕したMade in Germany

「手工業法」が１８９７年に制定されたことは前述した。この時代にはイギリスで起こった産業革命による工場制機械工業が、既にヨーロッパ各地に広がっていた。当時、ドイツの製品は後発工業製品として、割安かつ低品質のものが多かった。イギリス下院は、安い「大陸」製商品の輸入によって圧迫されたイギリス国内の生産者を守るため、１８８７年にMerchandise Mark Act（商品商標条例）を議決した。これは外国製品の輸入を完全に妨害することを目的としていた。しかし、この条例は逆効果をもたらした。手工業職人が心をこめて生産するドイツ製品の品質が次第に高まった結果、Made in Germany は不良品ではなく、高級品のトレードマークとなったからである。

第一次世界大戦前には、機械工業を行う工場と手工業者の間で対立も起こった。前者を代表するのは商工会議所であり、後者を代表するのは手工業会議所である。当時、工場の活動は経済発展につながっていたが、行政機関では手工業も含めて「工場活動」と位置づけていた。実際に工場でも手工業でも、最終製品としては同じような製品がつくられるケースもあった。しかし、手工業会議所は「手工業品は、工場生産品と比べて生産量が異なる、かつ品質が違う」ことを主張したのである。

第二次世界大戦でドイツが敗戦国となってからは、国土はアメリカ、ソ連、イギリス、フランスの4つの占領地域に分割された。戦後、ドイツで伝統的に存在したマイスター制度を最も早く復活させたのはイギリス占領地、次にフランス占領地、ロシア占領地であった。アメリカ占領地ではアメリカの価値観である「職業の自由」と合わないことから、数年間にわたって復活できなかった。このことは大変興味深い。

◆マイスター制度の概要[5]

ドイツでは、マイスター試験に合格し、公的な資格を取得しなければ「マイスター」を名乗ることはできない。マイスターには手工業マイスターと工業マイスターの2種類がある。前者が世界に知られる「マイスター制度」のマイスターで、その資格・地位は法律により守られている。後者は工場で監督者として働く専門訓練を受けた作業員で、手工業マイスターほどの社会的地位はない。

また、日本ではドイツのマイスターは「名人」とほぼ同義語として用いられているが、マイスターが職人と区別されるのは、単にマイスターの方が高い技術を有するからではない。

手工業マイスターの場合、マイスターが普通の職人と違うのは、職人として一定レベル以上の技能を有し、職人であると同時に経営者であり、また職業訓練生を育てる教育者でもあるという点である。

また、工業マイスターの場合、卓越した熟練工であると同時に会社内の中間管理職であるという点で、他の熟練労働者とは役割や地位も違ってくる。

マイスター制度の概要は図3・1に示すとおりである。職業訓練は、ドイツでは通常、実科学校を卒業した若者が行う第一次訓練（Erstausbildung）のことを指す。第一次訓練とは、国により認定された手工業・工業等の訓練職種についてデュアルシステムにより行われる。通常3年間の訓練期間を経てから修了試験により終わる。

デュアルシステム（Dualsystem：二重制度）とは現場・

企業または訓練所での実地訓練と職業学校での理論学習を平行して行うものである。企業・事業主のもとでの訓練内容については手工業会議所・商工会議所が監督する。職業訓練修了時には工業系職種では専門作業員試験(Facharbeiterprüfung)、手工業職種では職人試験(Gesellenprüfung)を受け、合格するとそれぞれ専門作業員証書(Facharbeiterbrief)もしくは職人証書(Gesellenbrief)を取得できる。

マイスター制度の段階は、

①徒弟　Lehrling(上のデュアルシステムによる第一次職業訓練を受ける訓練生)

②職人　Geselle(徒弟としての職業訓練を修了し、職人試験を合格した者)

③マイスター　Meister

となっており、手工業のマイスター制度では、その第一段階である徒弟修業がドイツ職業訓練のデュアルシステムと平行している。マイスターになるためにはマイスター試験があり、その概要は手工業法45条～51条に定められている。

マイスター試験の受験を許されるためには、

・専門学校(Fachschule)修了
・職人証書(Gesellenbrief)取得
・数年に渡る職業経験(一部は専門上級学校Fachoberschule在学期間を算入可能)

の条件を満たす必要がある。マイスター試験は実技・理論・マイスター試験課題作品(Meisterstück)作成の項目

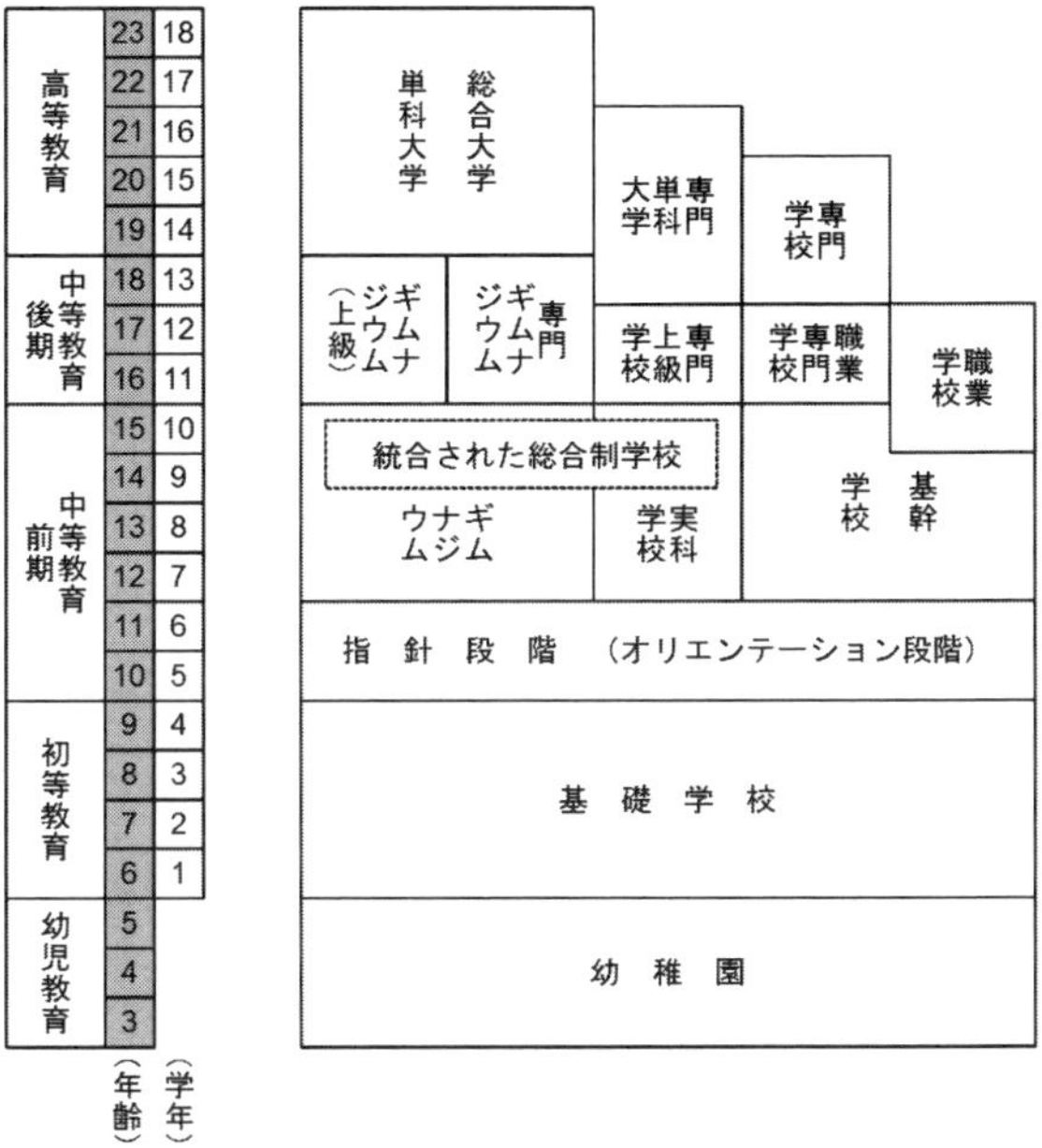

注）　独和辞典（郁文堂、p.1742、1987年2月）を元に筆者が作成。制度は州によって違いがある。

図3・1　マイスター制度の概要

からなり、合格するとマイスター証書(Meisterbrief)が授与される。

◆職業人としての訓練[5]

新卒者を一斉に採用することがないドイツでは、基本的には新入社員研修や、入社年次に応じた研修などもない。また、終身雇用を前提とした社員教育体系を持つ多くの大手の日本企業と比べると、ドイツでは企業が社員一人ひとりの長期的なキャリア形成の面倒を見てくれるわけではない。正規採用された社員に対する教育(＝継続教育)も、日本企業ほど体系化されていない。

したがって、自分のキャリアを長いスパンで眺め、今いるポジションから昇給を伴うステップアップを目指すなら、自分で研修を受けたり勉強することを経て、新たな資格を得なければならない。何もしない人は、そのままのポジションから上昇することはなく、給料も上がらない。

ドイツでは職業人として最初の資格を得るための教育として「職業訓練」があり、半数以上の青少年がデュアルシステムによって初期職業訓練を受ける。これに対し、初期職業教育を受け、職業人となった後に受ける教育訓練は「継続教育」と呼ばれる。

継続教育のもう一つのカテゴリーは、「キャリアアップのための継続教育(Aufstiegsfortbildung)」である。これは、社内、または社外でポジションを上げるための教育訓練を意味し、公的資格の取得を伴う。

例えば、マイスター、テクニカー、各職業における専門士といった公的資格や、商学士などの学位取得のための教育訓練がこれに当てはまる。これは個人としての資格取得という位置づけであり、企業が資金援助をしないことも多い。つまり、資格の取得は自らの意志と努力で行い、社内外でその資格にふさわしいポジションがあれば、そこへ応募してステップアップする。

仕事と両立したければ、週末や夜間に開講するマイスタースクールや大学に通わなければならない。そのため、通常、資格取得までに2~3年かかる。短期間で取得したければ、全日制で1年くらい勉強しなければならないため、会社を退職したり、長期教育休暇を取ったりしなければならない。

◆マイスター制度の転換期[6][7]

１８９７年に制定された「手工業法」は、数度にわたって、より明確な制度として補強されてきた。主な内容は、

①見習い制度の組織化、
②見習い制度の実施に関する法律が守られていること、
③自治体がそれぞれの地域の手工業を補助する制度、
④見習いの教育期間終了後の職人の試験資格制度、
⑤自治体が手工業全体に関わる新しい制度を検討する際に手工業会議所の意見を聴取すること、
⑥手工業会議所はマイスター育成、職人、見習い教育に関して専門学校を設立、またはそれを支援する権利を持つこと、

などが明確にされた。

１９０８年の法律改正では、マイスターの資格を持ち、かつ２４歳以上であれば、各人の専門分野以外でも見習い訓練ができるようになった。

しかし、現在、マイスター制度はさらに抜本的な転換期を迎えている。

ドイツでは企業数全体に占める自営業の比率は他の欧州諸国と比べると低く(ドイツの９・３%対して、欧州平均は１２・３%、２００２年)、またドイツの手工業の創業比率をドイツの産業全体と比較するとかなり低い(産業全体の１２・３%に対して、手工業の場合は４・７%、同)のが特徴となっている。ドイツにおける自営業の比率の低さや、手工業の創業比率の低さの原因は、マイスター制度に象徴される高い市場参入規制によるものとされてきた。

ドイツ伝統のマイスター制度も、「失業者の削減」、「個人企業の創設」、「ＥＵからの参入」という新たな社会情勢の変化に対応して、柔軟な対応を求められるようになってきたのである。

現に手工業の従業員数や売上高は減少してきており、２００２年の従業員数と売上高はそれぞれ前年比でそれぞれ、

手工業全体で５・３%減、４・９%減、
建設部門で９・６%減、８・２%減、
電気・金属部門で４・１%減、３・５%減、
木材加工部門で７・５%減、７・１%減、
アパレル・テキスタイル・皮革部門で８・０%減、
　１０・９%減、
食品部門で３・３%減、４・９%減、

ガラス・紙・陶磁器部門で6・0％減、7・1％減、
健康・保健部門で2・0％減、1・0％減
と軒並み減少している。

430万人を超える大量の失業者の削減を目指す政府にとって、厳格なマイスター試験に合格しなければ開業できない現行の手工業法は、とくに失業者の「個人企業」創設の大きなネックとなってきた。このことは、これまでドイツの産業競争力を支えてきたとされるマイスター制度が、ドイツ経済を取り巻く厳しい環境変化の中で即応できなくなり、機能不全に陥りつつあることを示している。

◆「改正手工業法」による影響[7]

こうした背景の中、ドイツの経済構造改革を目指した「アジェンダ2010」の一連の改革法案の一環として2003年12月19日に「改正手工業法」が成立した。

改正のポイントは、以下の3点である。

①マイスター資格取得義務を免除される業種を94業種から53業種に削減（**表3・1参照**）

技術の習得が比較的容易な業種であり、営業活動によって第三者の健康や生命に危険を及ぼす恐れがない業種は、マイスター資格取得義務から免除された。したがって、これら業種については今後、マイスター資格なしに手工業企業を設立したり、手工業企業を買収したりすることが可能になった。

②マイスター資格取得が引き続き手工業企業設立の要件となる業種の41業種への絞り込み

絞り込まれた業種は、技術の習得が困難、第三者の健康や生命に危険を及ぼす恐れがある等の理由から「許可が必要な手工業」に分類されたものである。

したがって、これら業種については、企業の設立や買収に当たって引き続きマイスター資格の取得が必要となる。

ただし、これら業種の場合も、徒弟として6年間経験を積み、そのうち4年間責任ある地位についていた場合は、マイスター資格なしに手工業企業を設立することができる（ただし、この例外規定は、煙突掃除、眼鏡技師、補聴器技師、整形外科技師、整形靴技師、歯科技師の職種には適用されない）。

③「マイスター資格取得者＝手工業企業所有者」原則の撤廃

表3･1　「改正手工業法」によるマイスター資格が必要な業種とマイスター資格が不要となった業種［7］

引き続きマイスター資格が必要な業種	マイスター資格が不要となった業種
グループⅠ　建築関係	
(1) 左官、コンクリート打ち、(2) ストーブ、空気暖房装置製造、(3) 大工、(4) 屋根葺き、(5) 道路建設、(6) 断熱・断冷・遮音材製造、(7) 井戸掘削、(8) 石材加工、(9) スタッコ塗装、(10) 塗装、(11) 足場組み立て、(12) 煙突掃除	(1) タイル工事、(2) コンクリートブロック・テラゾー製造、(3) 床下地工事
グループⅡ　電気・金属関係	
(1) 外科用機械工、(2) 金属加工、(3) 自動車・車両組み立て、(4) 精密機械工、(5) 二輪車両組み立て、(6) 空調機械工、(7) 情報エンジニア、(8) 自動車エンジニア、(9) 農業機械工、(10) 缶詰の缶製造、(11) 配管工事、(12) 電気・ガス配線、暖房工事、(13) 電気エンジニア、(14) 電機製造	(1) 容器･機械装置製造、(2) 時計製造、(3) 彫刻、(4) 金属彫刻、(5) メッキ、(6) 金属･鐘鋳造、(7) 切断工具機械工、(8) 金銀細工
グループⅢ　木材加工	
(1) 指物師、(2) ボート・船舶製造	(1) 寄木張り床工事、(2) ブラインド・シャッター製造、(3) 模型制作、(4) ろくろ・木製玩具製造、(5) 木彫、(6) 樽製造、(7) カゴ編み細工
グループⅣ　アパレル・テキスタイル・皮革	
(1) 網製造	(1) 紳士・婦人服仕立て、(2) 刺繍、(3) 服飾デザイン、(4) 機織り、(5) 帆製造、(6) 毛皮加工、(7) 靴製造、(8) 馬具･高級かばん製造、(9) 内装･インテリア
グループⅤ　食品	
(1) ベーカリー、(2) ケーキ、(3) 食肉加工・販売	(1) 製粉、(2) ビール醸造、(3) ワイン貯蔵管理
グループⅥ　健康・保健・化学・清掃	
(1) 眼鏡技師、(2) 補聴器技師、(3) 整形外科技師、(4) 整形靴製造、(5) 歯科技師、(6) 理髪師	(1) 繊維製品クリーニング、(2) ロウソク製造、(3) 建物洗浄
グループⅦ　ガラス・紙・陶磁器・その他	
(1) ガラス工、(2) ガラス細工師･ガラス装備品製造、(3) 加硫・タイヤエンジニア	(1) ガラス加工、(2) 精密光学機器製造、(3) ガラス器・陶磁器絵付け、(4) 宝石研磨、(5) 写真撮影、(6) 製本、(7) 活版印刷、(8) シルクスクリーン捺染、(9) フレクソグラフ、(10) 製陶、(11) オルガン製作、(12) ピアノ･チェンバロ製作、(13) 手弾楽器製作、(14) バイオリン製作、(15) ボーゲン製作、(16) 金管楽器製作、(17) 木管楽器製作、(18) 撥弦楽器製作、(19) 金メッキ、(20) 広告看板･ネオンサイン製作
合計　41業種	合計　53業種

従来の手工業法では、手工業企業の所有者がマイスター資格取得者でなければならなかった。しかし、この原則は改正により撤廃された。今後は、経営者としてマイスター資格取得者を雇い入れた会社形式をとれば、企業を設立したり買収したりすることができるようになった。この措置は、手工業企業における後継者問題の緩和を狙いとして導入されたものである。

改正によって規制対象外となった業種は、

・「タイル工事」、「床下工事」（グループⅠ）
・「彫刻」、「メッキ」（グループⅡ）
・「木彫」、「「ブラインド・シャッター製造」（グループⅢ）
・「紳士・婦人服仕立て」、「製靴」（グループⅣ）
・「製粉」、「ビール醸造」、「ワイン貯蔵管理」（グループⅤ）
・「クリーニング」、「建物洗浄」（グループⅥ）
・「楽器製造」「広告看板」（グループⅦ）

など比較的マイナーな業種が圧倒的に多い。このことから、仮に技術レベルや人材の質の低下が起こっても、直接ドイツ企業や産業の国際競争力の低下につながるものではないと考えられる。

◆マイスターを目指す若者の変化

マイスター制度が転機を迎えている社会的背景の一つには、マイスターを目指す若者の能力の低下もある。ドイツでも能力のある若者の大半が大学に進学し、アカデミックな仕事を目指すようになった。親の世代も、子供が自分よりも良い職業を目指すことを望むようになった。そういった背景のもと、マイスターを目指す能力・才能のある若者が減少した。単に収入だけが目的であり、仕事に関心がないというケースも増加した。

あまり能力のない若者にとっては、マイスターの資格を取得するための試験はハードルが高く、訓練を受けたとしても合格できるとは限らない、または、たとえ合格しても正社員への道が保証されるとは限らない。

一方、企業では、必ずしも実地訓練生を受け入れられない状況が発生している。ドイツでは企業責任として実地訓練生を受け入れる責任があり、受け入れない場合は国に賠償金を支払わなければならない。しかし、やる気がなく、仕事に関心のない若者が増加するに従って、特に中小企業では実地訓練生を受け入れることが負担になり始めている。その結果、賠償金を支払ってでも訓練生を受け入れない企業が増加している。

マイスター制度の存続には、政治も深く関わっている。選挙に左右される政治家にとって、社会の大きな関心事である就職率は重要なテーマである。

当然、職業に就けない若者が増加することは好ましいことではない。そのため、将来を保証できるとは限らない制度は廃止させた方がよいという方向は、政治家にとってたどりやすい道とも言える。

◆ものづくりの基本

マイスター制度そのものは、中世より近世にかけて西欧諸都市において商工業者の間で結成された各種の職業別組合の中で発達してきた、親方を頂点とする封建制の産物とされている。職業別組合という意味では、一種の「なわばり」を確保するための利権擁護集団としての役割も果たしてきた。そういった意味では、市場を確保するための閉鎖的な組織であったとも言える。また、基本的な背景として、マイスター制度が発達した時代には、現在のような大量生産や分業制は発達していなかった。

一方、ものづくりという面から見るとマイスターは職人のノウハウを伝承し、品質を維持するために重要な役割を果たしてきた。その集団である組織も社会の中で重要な柱となって、ものづくりの伝統を継承してきた。階級制度においては、認めてもらうためには特技を身につけなければならず、消費者の評価を得るためには、ユニークなアイデアと消費者にとっての付加価値を考えなければならなかったからである。

機械的大量生産の基本は、分業と効率である。分業は部品を集約して製品を生産するため、たとえ各部門で効率よく生産しても、担当部門のノウハウしか身につかない。また、製品として長く使うための細部にわたる創意工夫や、製品そのものの魅力が生まれにくい。ユーザー側でも機能を失いかけると愛着なく使い捨てられやすいということになる。

マイスター制度が日本で関心を集めているのは、制度そのものに対するものではない。

細部にわたる創意工夫、高い品質、消費者にとっての付加価値、継承されてきた技術やノウハウ、ユニークなアイデア、ものづくりへの責任、作り手と使い手双方で長期的に維持できる愛着。一つは、こうしたことに、大量生産とは根本的に異なる基本が見えるからである。

もう一つは、「つながり」である。師弟の関係、創意工夫を通じた目に見えない作り手と使い手との関係、過去のマイスターを通じて時代を経て受け継がれてきたノウハウ、その土地に合ったものを生産してきた自然とのつながり。そこに現在の分業にない、ものを通じた人とのつながりが見えるからである。

◆国柄を取り戻した政治家

冒頭に述べたように、敗戦後のアメリカ占領地では、なかなかマイスター制度を復活させることができなかった。これを実行したのは初代連邦首相となったアデナウアーである。アデナウアーは個人の介入でアメリカ占領地にもマイスター制度を復活させた。

１９５１年に西ドイツの外交主権が回復されると、外務大臣を兼任したアデナウアーはフランスをはじめとする旧連合国との和解に強力な指導力を発揮し、１９５５年５月５日に連合国とパリ条約を締結して主権を正式に回復した。経済的にもマーシャル・プランを基に経済復興を進め、欧州石炭鉄鋼共同体、欧州経済共同体、欧州原子力共同体に加盟した。この外交関係は現在のＥＵ（欧州連合）へと発展している。

アデナウアーが、「職業の自由」を主張するアメリカ占領地にマイスター制度を復活させたことからもわかるように、ドイツのものづくりへの考え方はアメリカとは全く異なる。このことは量産品とは違う「ものづくり」の原点をも示している。

産業革命による量産品に対して、「Made in Germany＝高級品」という位置づけを勝ち取る鍵となったマイスター制度。敗戦によって失われた制度を復活させることによって自国の伝統を取り戻したこと――これがドイツの経験であり、歴史なのである。

3　ものづくりと「つながり」

作り手の創意工夫を活かす機会が減り、使い手に「豊かな不満社会」がもたらされた戦後からのものづくり。地球温暖化対策を視野に入れたものづくりには、今後どのようなことが必要なのだろうか。

ものづくりに最先端の技術やイノベーションが重要なことは言うまでもない。それに加えて、社会的な側面から強く求められるのが「つながり」である。

大井玄氏（元国立環境研究所所長）[9]は、現在、痴呆状態にある老人たちを通して医学、哲学の両面から人間が生きていくうえでの「つながり」の重要性を指摘している。幕末に訪日した欧米人が驚いたように、庶民が貧しくとも幸せで礼節に富んでいた理由として、人々が祖先、子々孫々、自然、共同体などが構成する世界とつながっていたという。

「つながりの自己」も「つながりの倫理意識」も、江戸時代という完全な閉鎖系社会での生存を通じて完成させられた。大井氏は、

> もし、江戸時代の日本が完全な閉鎖系におけるすぐれた「適応」を実証し代表するものならば、「封建的」と戦後、何の価値もないかのごとく棄てられてしまったわれわれの先祖たちの思想や生存戦略に込められた知恵を学び直す必要がある

ことを指摘している。

このことは、人と人だけでなく、人とものにも求められる。

生産者と消費者という直接的なつながりだけでなく、作り手と使い手とのより強いつながり、風土とのつながり、伝統とのつながりを考えること。これが、低炭素であるばかりでなく、現在、最も求められている豊かさへのヒントとなる。

◆人や風土とのつながり

生産された製品は市場に供給される。現在も不況を乗

り越える経済対策の柱として、リサイクル、地球温暖化防止、有害物質削減等に資するエコ製品が新たな市場を形成することが期待されている。

特に最近では、エコカー、太陽光発電システム、LED電球など、低炭素社会に向けた新製品が注目されている。これらの購入促進のインセンティブとしては、例えば、低炭素革命と銘打った日本版FIT（フィード・イン・タリフ：固定価格買い取り制度）による太陽光発電の普及促進、省エネ家電購入やエコ住宅へのエコポイント制度導入、エコカー購入に対する補助金制度や減税など、景気回復と合わせた環境産業の活性化対策が効果をあげ始めている。

先にも紹介したように、佐伯啓思氏は「グローバル経済の最大の問題点は、発展段階、社会構造や文化的価値観も異なる国を共通の尺度で測ってしまうことである」と指摘している[2]。これは、国際レベルだけでなく、国内レベルでも同様である。人ともの、地域の自然条件とのつながりがそれほど重視されていないことである。人ともの、地域の自然条件とのつながりを考えるということは、ものづくりを空間の中に位置づけて考えることである。

例えば農作物の地産地消という取り組みでは、その土地の風土に適した作物を生産し、その土地の人が消費するという点で、既にもの（農作物）は空間の中に位置づけられており、こういった活動によって地域の共同体としての連帯感を生み出し、住民の間で目標を共有できる。逆に言えば、地域の生活と遊離したものや仕組みを供給しても生活に根ざした実践活動として定着、継続させることはできない。

これまでの工業製品の生産・消費は多くの場合、地域の自然条件に依存しない。例えば、工作機械や重機から家電品まで、生産工場は海外に移転することもあり、国や地域によって部分的な調整が必要なことはあったとしても、製品そのものは基本的にはどこでも使える。

しかし、今後、普及拡大が必要な工業製品の場合は、従来とは全く異なっている。例えば、太陽光発電では、地域の日照条件に大きく依存する。電気自動車は、その航続距離が短いこと、低炭素社会を実現するには公共交通との組み合わせが望ましいこともあって、地域の地理的条件に基づいた公共交通システムに依存することになる。

こういった点から考えると、農作物の地産地消活動において地域の自然を基本とした条件が活かされているように、工業製品も地域の条件に合わせた製品を供給し、その地域の人々がその条件に合わせて最も効率的な使い方をする必要がある。これを実現するためには、まず地域の風土の特徴を明らかにする必要がある。それと適合した低炭素地域をつくるために、利用する製品を選択する必要がある。

例えば、太陽光発電と電気自動車の普及を最も優先順位の高い目標とした都市もあれば、地産地消活動の優先順位が最も高い都市など、地域の条件によっては多様な選択があるはずである。つまり、製品ではなく地域の条件を主体に考える必要がある。

◆伝統とのつながり

人ともの、地域の自然条件とのつながりを考えることは、伝統や歴史的なものとのつながりを考えることでもある。伝統は長期間にわたる人と風土のつながりを通じて調整され、洗練され、確認されて出来上がってきたものである。伝統的な暮らし方とは、地域の条件を最も効率的に活かしたものとも言える。

『はじめに』でも述べたように、経済や社会的な背景が全く異なっているにもかかわらず、今日でも日本においてマイスター制度に関心が向けられるのは、古い制度そのものへの賛美や、手工業への回帰ではない。ものづくりと伝統がつながっているからである。すなわち、長い歴史の調整を経て、なお受け継がれ、確認されてきたものづくりに対する人の取り組み方である。

マイスター制度そのものは現在から見ると封建的である。実際にドイツにおいても、この制度は試練の時期を迎えている。アデナウアーがアメリカ占領地にマイスター制度を復活させた意図も、単純な伝統の復活というよりも、別の政治的意図があったのかも知れない。

それでもそこに何らかのモデルを見つけたいという要求が社会的に起こっているのは、創意工夫により、心のこもった品物が人に与える「安らぎ」、「充足感」が求められているからである。

政治レベルの目標達成のための人為的な仕組みに、ものづくりや生活者が組み込まれているだけでは、「豊かな不満社会」を解消できるとは思えない。

新しい製品が、地域の人、風土、伝統とのつながりを持てたときにはじめて、生活に根ざした実践活動が定着し、結果として低炭素社会の実現を期待できる。

●（第3章）参考・引用文献

[1] 会田雄次：『歴史家の心眼』、ＰＨＰ文庫、２００１年3月

[2] 佐伯啓思：『自由と民主主義をもうやめる』、幻冬舎新書、２００８年１１月

[3] 榊原英資：『食がわかれば世界経済がわかる』、文春文庫、２００８年6月

[4] 佐伯啓思：日本の進路と世界の持続的発展を考える—世界的な経済危機のなかで—、『躍』（関西電力季刊誌）より、２００９年4月号

[5] （財）海外職業訓練協会：「海外・人づくりハンドブック」『ドイツ編』、第二編　職業訓練制度第２章継続教育、２００６年3月

[6] 田中信世：転機を迎えるドイツのマイスター制度、http://www.iti.or.jp/flash48.htm

[7] 田中信世：手工業法改正後のドイツ・マイスター制度、http://www.iti.or.jp/flash57.htm

[8] ドイツのマイスター制度とは?、http://www.shou.co.jp/waza/myster.htm (2009-04-29)

[9] 大井 玄：『「痴呆老人」は何を見ているか』、新潮社、２００８年1月

第4章　国際的な動きへの日本の対応

——自然と人間——

「自然共生社会」は国際的な目標になっている。「生物多様性（biodiversity）」は、その目標を実現するキーワードとなっている。しかし、この用語は日本人にとってはなじみにくい。

経済活動がグローバルな規模で行われる中、工業製品については国境を越えて自由に移動でき、様々な国で同じような機能を発揮することができる。

しかし、自然との関係を基盤とした人間活動を考える場合、人間中心主義が根底にある欧米と、自然中心主義の日本では、その理解や行動に大きな違いがある。

本章では、特に日本人にとっての「里山」の意味を深く掘り下げ、日本の自然を基盤とした対策の重要性を述べる。

1　生物多様性と里山

２０１０年は国連が定める「国際生物多様性年」であった。同年１０月には名古屋で第１０回生物多様性条約締約国会議が開催された。

「生物多様性」は、２００８年に洞爺湖サミットに先だって開催された環境大臣会合においても主要課題として取り上げられた。そうした経緯もあって、国内の都道府県、市町村レベルで「生物多様性」が環境政策のキーワードとして登場するようになっている。

ここではまず、「日本一の里山」と言われている例を紹介する。このことを通して、日本で生物多様性を保全する具体策と、日本人にとっての生物多様性の意味を考察する。

◆生物多様性

生物多様性は、「すべての生物（陸上生態系、海洋その他の水界生態系、これらが複合した生態系その他生息または生育の場の如何を問わない）の間の変異性をいうものとし、種内の多様性、種間の多様性および生態系の多様性を含む」と定義されている[1]。

生物多様性の恵みとしては、

・我々の生存に不可欠な酸素は植物からつくり出されていること、
・野菜や日本人の主食である米は野生の植物を改良してできた作物であること、
・紙製品も植物を元につくられていること、
・様々な医薬品の多くも生物の働きを利用して開発されたものであること、
・郷土料理のような伝統的な地域文化の多様性も地域の生物多様性に支えられていること、

などが説明されている[1]。

以上のようなことから、我々は当たり前と思い享受している事柄の多くを生物多様性のもたらす恵みに依存しており、人間は生物多様性のもたらす恵みなくしては日々の生活を送れない。また、生物や生態系を適切に使うことで再生産が期待でき、将来にわたり持続的に利用が可能になる[1]。

特定の生物や生態系・地域の保全に関する国際的な条約の成立の流れを見ると、１９７５年にワシントン条約、ラムサール条約、世界遺産条約の３条約が発効され、大枠が整った。その後、１９８０年代に世界規模の深刻な自然環境の悪化が報告され、人間活動のあらゆる局面で、生物多様性に配慮する国際的ルールづくりの必要性が認識されるようになった。

その後、１９９２年のブラジル・リオデジャネイロで開催された国連環境開発会議（地球サミット）の場で、「生物多様性条約」が国連気候変動枠組み条約とともに採択された。

本条約の目的は、

①生物多様性の保全、
②生物多様性の構成要素の持続可能な利用、
③遺伝資源の利用から生ずる利益の公平かつ衡平な配分

の３つからなる。

③は、例えば、ある国に生育する植物を利用して外国資本が医薬品を開発して利益を上げた場合、その利益の一部を植物の採取された国にも公平に配分するという考え方を示す。

このことからは、生物多様性条約が単に自然保護や生物多様性の保全に関するものではなく、社会経済活動にも関連する持続可能な利用や、遺伝資源と知的所有権といった国家間の利害関係も含んでいることがわかる。

◆生物多様性への国内の動き

国内では、「生物多様性条約」の国内実施に関する包括的な法律として２００８年６月に「生物多様性基本法」が施行された。本法律では、生物多様性の保全および持続可能な利用についての基本原則が示された。また、これまで生物多様性条約に定められた締約国の義務に則り、閣議決定等により３次にわたり策定されてきた「生物多様性国家戦略」が、法律に基づく戦略として位置づけられた。

地方自治体には、「生物多様性地域戦略」として戦略策定に向けての努力規定が置かれた。「基本的施策」の中では、「事業計画の立案の段階等での生物の多様性に係る環境影響評価の推進（第２５条）」として、いわゆる戦略的環境アセスメントの推進のための措置を国が講ずることが明記された。

日本国内では既に自然や生態系にかかわる法律が複数ある。しかし、それぞれの所管官庁が異なり、生物多様性保全に係わる包括的な法律がなかった。

こういった点でも、「生物多様性条約」への参加や「生物多様性基本法」の制定・施行が日本の環境政策に与える影響は大きい。法的な意味では、現行の環境アセス法の内容への関わり方によっては、生物多様性を大幅に破壊する可能性のある事業を中止させることも可能になる。

こうした意味からは、単に生態系や自然保護活動を促進するというレベルを越えて、明確な基準のもと、悪影響を与える事業に歯止めをかけることができる。

基本法では、事業者に対しても基本原則に従って、その事業活動を行うに当たっては事業活動が生物の多様性に及ぼす影響を把握するとともに、他の事業者その他の関係者と連携を図りつつ生物の多様性に配慮した事業活動を行うこと等により、生物の多様性に及ぼす影響の低減および持続可能な利用に努めることを求めている。

２００９年８月に策定された「生物多様性民間参画ガイドライン」では、原料調達時に生物多様性に配慮することや、環境管理システムの整備などの指針が示された。

これらは企業活動に規制や手間のかかる配慮を求めるだけでなく、新たなビジネスチャンスも与えている。

例えば、生物多様性に配慮した農林水産物を「生きもの認証マーク」付きにすることによって商品の付加価値を高めたり、生物多様性に配慮することによって不動産の市場価値を高めることが可能である。生物多様性を豊かにする街づくりへのコンサルティングなども検討されている。

こうした国際的な動きや、国内の対応は非常に重要である。

◆生物多様性と里山

北摂の里山を世界に誇ることができる「日本一の里山」と名づけたのは、兵庫県立大学の服部保氏（兵庫県立「人と自然の博物館」自然・環境再生研究部長でもある）である。

ここでは、北摂の里山が日本一と考えられている理由に基づいて、日本にとっての生物多様性の意味を考える。

北摂山地は、兵庫県宝塚市、川西市から大阪府能勢町・豊能町・池田市・箕面市・高槻市を通って京都府南部へと続く山地である（**写真４・１**）。この地域は、いわゆる人里離れた奥地ではなく、むしろ新興住宅地やレクリエーション施設などが点在する都市近郊地域である。

服部氏が北摂の里山をこのように位置づけているのは、以下の４つの理由による[2]。

①歴 史性

里山は薪炭生産を目的として育成された林である。北摂山地で炭焼きがいつから始められたかは明らかではな

写真4・1　北摂の里山

いが、奈良時代にさかのぼるという説もある。平安時代には箕面市の勝尾寺領内で大量の炭が焼かれていた記録があり、室町時代には北摂の木炭は足利義政の名とともに池田炭の名称で登場する。

その100年後には豊臣秀吉が池田市久安寺で茶会を催し、池田炭を誉めたという伝承が残されている。江戸時代の書物には池田炭がクヌギを原木とすること、クヌギの品種改良や植林が行われたこと、実際には一庫（ひとくら、兵庫県川西市）などの猪名川上流部で生産されていること、などが詳細に載せられている。

備長炭（和歌山県）、横山炭（大阪府）、光滝炭（大阪府）、佐倉炭（千葉県）など、江戸時代の書物に帰されている有名な木炭は少なくないが、池田炭・一庫炭のように多数の書物に記された例はないという。また、里山の履歴が詳細に示された例はほかになく、北摂の里山の由来がクヌギの植林である、という事実が示されているだけでも非常に貴重であるという。

池田炭・一庫炭は、断面が菊の花弁のように放射状に割れていることから、「菊炭」とも呼ばれている（**写真4・2**）。茶道で菊炭が重用されるのは、単に燃料として適切であるだけでなく、断面が菊の花弁のようであるという、その美しさからである。服部氏は、きれいに放射状に割れていることが、空気をよく通し、そのことによって火力が強くなる可能性を指摘している。

写真4・2　菊炭の断面

②本来の里山景観の持続

里山の伐採、炭焼きによって、本来の里山風景が現在も持続している。薪炭林の伐採は、通常10～20年程度の短い周期で行われる。10年周期で伐採されていたとすると、毎年生産し続けるためには、伐採直後の林から10年目の林までが、ほぼ同じ面積で1セットとして揃っている必要がある。

生きている里山とは、外観的には様々な林齢の林がモザイク状あるいはパッチ状に広がり、全体として低い樹高で維持されている樹林ということになる。北摂には８００年以上という歴史に裏打ちされた比類なき昔ながらの里山が残されており、本来の里山の実状を研究できる唯一の場所であるという。

北摂の里山が維持されてきた理由として、服部氏は池田炭が茶の湯と結びついていたことをあげている。

キャンプ用などの木炭は非常に安い値段で売られているが、このような安価ではとても生産できないので、単なる燃料としては輸入されることになる。茶の湯と結びつき、単なる燃料としての価値だけでなく、茶道文化と結びつく美しい菊炭という付加価値があって、国内でも炭焼きの継続が可能となったのである。

③奇妙な形の台場クヌギの存在

薪炭林の主要構成種であるコナラ、クヌギ、シデ類などの伐採は、普通地上部付近で行われる。伐採は通常、冬季に行われ、伐採後の切り株から春に萌芽枝が出て、その萌芽枝がやがて幹になる。このような普通の伐採方法ではなく、樹幹の１～２ｍ前後の高さで伐採し、その切り口から萌芽枝を出させる方法がある。

萌芽枝が生長し、１０年経過するとその側幹を切るといったことを繰り返し行うと、主幹の部分は年々成長して太くなっていく。この主幹部分を台場といい、このように育てられたクヌギのことを台場クヌギと呼んでいる。台場クヌギは主幹部分だけ太くなるので、大入道が突っ立って、両手をあげたような奇妙な形になる。

このような伐採方法が行われた理由には、地上部付近で切ると萌芽枝がウサギやシカ等による食害を受けることを防止する目的があったことが考えられる。他の理由には、下草刈りの時にクヌギの萌芽枝を誤って刈り取ることがないこと、道端で歩く時のじゃまにならないこと、１株当りの萌芽本数が多いことなどが考えられている。

国内でも京都府や山梨県などにも見られるが、北摂ほど一般的ではないという。

④クヌギ林の昆虫群集

箕面市、川西市、豊能町は古くから昆虫採集地として著名であり、特に箕面は日本の三大昆虫採集地の一つとしてあげられてきた。北摂が昆虫多産地であるのはクヌギ林のおかげである。クヌギ林には昆虫が集まる多数の植物が生育する。また、１０年周期で伐採されるために、１０の遷移段階の植生がモザイク状に分布することになり、植物・植生の多様性が大変高い。

この他、服部氏により、少なくとも兵庫県、大阪府にはクヌギの自生地はなく、クヌギ林が植栽起源と考えられること、もともと北摂に自生していないクヌギによってつくられた人工林が、種多様性に富んだ里山となった大変興味深い例であることが指摘されている。

以上のことからわかるように、里山の保全は植物ばかりでなく、昆虫、その他の幅広い意味での生物多様性と関わっている。こうした事例によって考えてみると、里山と「生物多様性」の関係が理解しやすい。

そして、結果的ではあるとしても、人が自然とうまく共存しながら利用してきた結果、生物を多様なものとしてきた日本人の知恵を垣間見ることができる。

◆里山の持続性

里山が現在も何らかの形で維持されている場合、長年月にわたる地域の歴史と一体となってきた。そういった持続性は、例えば北摂山地の場合、以下のような要素と強く関係がある。

①付加価値 — 伝統的文化との関係

北摂山地の歴史からもわかるように、里山はある資源需要を満たすために、その土地の特性に合った植物の育成が始まったか、または既に存在する特徴ある植生などを利用して資源需要を創出したと考えられる。いずれにしても、その資源需要は日本の文化と深く関わっている。北摂の里山の場合は、クヌギから生産される菊炭と茶道の関係である。

そして、持続性と深く関わっているのが「付加価値」である。単なる燃料としての木炭であれば、海外からの輸入炭と比べて菊炭は価格競争面で非常に不利な条件にある。したがって、菊炭に付加価値がなければ、資源需要がなくなり、里山も維持できなかったと思われる。

菊炭は輸入木炭と違って、場合によっては観賞用としても用いられる。視覚的に美しいからである。さらに、菊は日本の四季のうち、秋から冬、つまり春から夏といった上昇期ではなく、下降期をいろどる花として登場し、人生の終わりの儀式でも伝統的に用いられてきた。そういった文化的、精神的要素からも、菊炭は燃料としての機能と同時に、視覚的に独特の価値を持ってきたと想像できる。

②付加価値 — 独特の機能

もう一つ重要なことは、材料としての機能である。前述したように、茶道の点前に必要な火力を材料そのものの燃焼によって段階的に出せるという点で、用途に合うように工夫され尽くした材料である。もちろん、一つの炭だけで段階的な火力を出せるのではなく、複数の長さ、太さの異なる炭の組み合わせによるものではある。

また、強い火力を出すための放射状の断面をつくり出すためには、クヌギという木材の特性だけでなく、その特性を活かして独特の空隙をつくるための炭焼き技術が必要とされたはずである。その目的を達成するための様々な試行錯誤の繰り返し、その結果による洗練された技術が伝統産業となり、受け継がれてきたものと思われる。

一方、燃え盛っている時には命の輝きのように、そして最終的に灰に帰す時には「はかなさ」が発動される点で、我々の祖先が静かに、かつ熱狂的に自然を崇拝してきた美意識や伝統を感じることができる。

③他の産業との関係

北摂山地において興味深いのは、この地域が茶道に強い関心を持っていた豊臣秀吉の時代から江戸時代前半にかけて、銅、銀等の産地として栄えていたことである。

川西市の歴史を記した文献[3]、報告書[4]によると、北摂山地とほぼ重なる猪名川町、川西市北部から宝塚市、能勢町、箕面市の南北十数キロの範囲は、「多田銀銅山」として、鉱脈が広がっていたことが記されている。

奈良時代の東大寺大仏建造の際にも、多田銀銅山で採掘された銅が使用されたと伝えられている。

豊臣政権時代には、多田銀銅山は豊臣氏の支配下に置かれ、最初の繁栄期を迎えた。特に菊炭の産地である一庫から宿野に到る鉱脈は「奇妙山親づる」（親づる：鉱脈）と呼ばれ、豊臣家が直轄領として銅、銀を中心とした採掘が進められた。

その後、江戸時代前期には産出量が飛躍的に増え、鉱脈の走る北部は幕府の直轄となった。足尾、別子銅山、生野銀山の銅鉱が黄銅鉱であるのに対し、多田銅鉱は高品質な班銅鉱であったことも知られている。

１６００年初めには銀山奉行が任じられ、６５人の銀山役人が着任して体制も整備された。最盛期に達した時代には、まさにゴールドラッシュ期を迎えた。この時代には、「銀山三千軒」と言われるほどの賑わいを見せ、人家も増え、芝居・傾城（遊女）屋、相撲なども栄えた。猪名川の川筋に力士の墓が数多くあるのは、当時、相撲興行が行われていた証しであるという[3]。

現在でも「多田銀銅山悠久の館」（兵庫県川辺郡）近くで

周囲にアオキが茂っていたことからその名がついたという「青木間歩」(間歩：まぶは坑道のこと)を見学することができる(**写真4・3**)。

そしてこの頃、一庫で焼かれる菊炭は徳川氏の御用炭として納められることとなり、諸国に広がっていった[4]。

写真4・3　青木間歩

吹屋(精錬所)もこの辺りに76軒あった[3]と記されているが、吹屋と菊炭の関係については文献等[3][4]に記されていない。

この辺りの鉱床としては、時代と採掘場所によって異なるが、金、銀、銅、錫、鉛、亜鉛があった。こういった貴金属と重金属が産出されたことから、ある程度の範囲で貨幣経済、つまり貴金属と他の物品との交換が行われていたと思われる。また、銀、銅の採掘については、昭和時代になってからも日本鉱業が1964年~66年の間に、銀200kg、銅12tを産したという(1973年に採掘を中止)[4]。

戦後、国内でも茶道を学ぶ人の減少や価格の高さから、菊炭の需要は現在ではわずかとなっている。

しかし、これほど独特な付加価値を持ち、かつ日本人の美意識と伝統に合致する木炭が他にないという側面から、北摂、特に川西市一庫から黒川地区にかけての地域で、現在でも炭焼きは細々と続いている。

そういった意味で、国、あるいは地域の歴史と文化、伝統を支える付加価値が加わることによって徹底的な価格競争にさらされずに残ってきたことは、里山の保全にとっての重要な遺産と言える。

歴史と文化、伝統とつながりがあることは、細々とではあるが需要があり続けることになり、里山の持続性につながるからである。

◆里山の資源的価値

現在ではシイタケのほだ木として利用するための伐採も含めて、需要は北摂全体のクヌギ林の利用にはほど遠く、里山の将来は厳しい。服部氏も北摂の里山が世界遺産に値するにもかかわらず、

①その重要性が認識されていないこと、
②大部分が放置されていること、
③台場クヌギに寿命がきて急減していること、
④開発が進んでいること、

などからその将来が暗いことを指摘している[2]。

現在の兵庫県川西市では、山形県川西町から友好親善の一環として贈られたダリア２７９球の育成をはじめ、２００４年以降、毎年秋になるとダリア園を無料で開放している。この活動の契機は、山形県川西町とよく似た環境の黒川地区が本格的な育成地として選ばれたことによる(**写真４・４**)。

写真４・４　青黒川地区のダリア育成地

国内では、里地里山保全・再生モデル事業として里山を再評価する活動も展開され、資源的な価値からも見直されている。

例えば、京都府北部におけるモデル事業では、柿しぶが天然素材の塗料として再評価されている[5]。一般的にも、カキタンニンは防腐作用や染色の型紙などの紙工芸の素材、シックハウス症状を起こさない塗料として、その価値が再評価されている。地域文化の中には、これからの持続可能な資源利用や地域の環境を活かしたライフスタイルを考え、実践して行くヒントが含まれている可能性がある[5]。

これまでの里山の歴史から考えても、単なる保全ではなく、里山の持続性には利用用途が存在することが必要である。例えば、柿しぶの長寿命を目的とした先端材料としての利用や、菊炭またはクヌギ伐採材の燃料以外への利用用途の開発などである。

◆２つの地区のたどった運命

黒川地区と隣り合う国崎地区は、一庫ダム（写真４・５）の建設にあたり、ダムの上流にあったことから水没の運命をたどった。この地区も棚田を耕し、山林の経営と一庫炭の伝統の維持に重要な役割を担ってきたところである。水没戸数６戸のほか、神社１、発電所１などが姿を消した。

猪名川の下流地域にある尼崎、伊丹、豊中の各市、中流地域にある川西、宝塚、池田、箕面の地域が、近年、経済の成長によって関西の中心地として急激な発展を遂げ、関連地域人口は約１６０万人とふくれあがり、水不足が深刻な問題となってきた。また、猪名川は過去にたびたび大洪水があり、そのたびに沿岸の人たちは大きな被害をこうむってきた。こうした事情から、洪水調節機能をもったダムをつくり、猪名川の河道改修と一体となって洪水の被害を軽減し、併せて渇水時には農業用水、上水道用水としてダムから水を補給することも必要になってきた。さらに、新たに５０～６０万人分の都市用水を生みだす必要性にも迫られた。

現在の一庫ダムは、こうした複数の目的を担う多目的ダムとして建設が計画されたものである[6][7]。そして、１９６８年８月１日に調査所を開設してから１９８４年３月まで、１６ヵ年の歳月と６３８億円の巨費を投じてダムは完成した[7]。

こうした隣り合う２地区のたどってきた歴史をふり返

写真４・５　一庫ダム

ると、生物多様性や、里山の保全といった分野に限らず、私たちの希望をどういった将来につなぐのかを改めて考えさせられる。

2 「生物多様性」という用語が理解されにくい理由

大脳には右脳と左脳があり、それぞれの得意分野があるという。左脳は言語や数字などの記憶とその処理を担う。右脳は空間の認識や芸術的な感覚、直感、最終的な決定力や判断力に深く関係していると言われている。

一般的は、左脳の能力の方が客観的に評価しやすいため、左脳のすぐれている人が「頭がいい」と思われている。

筆者らは拙著[8]の中で、共同で連載を続ける過程においても、ある共通のテーマに対して、ドイツ人であるフォイヤヘアトは左脳で、日本人である中野は右脳でとらえる傾向があることを述べている。このことは、言語と自然認識との関係に深く関わっている可能性がある。

２００４年（平成１６年）に環境省が行ったアンケート調査によれば、「生物多様性」の意味を知っている人は約１０％、言葉を聞いたことがある人まで範囲を広げても約３０％という結果であった[9]。これは、日本人が知識不足だとか生物多様性への関心が低いというよりもむしろ、直訳的な「生物多様性」という用語が、日本人の自然観となじみにくいからではないかと思われる。

「生物多様性」等の欧米発の環境用語が、なぜ日本人に認識または、イメージされにくいのかについて、日本人の視点から考えてみる。

◆左脳型に偏りすぎた社会の問題点

情報工学者で作家でもある西垣通氏は新聞紙上で「左脳社会の落とし穴」として、無際限の欲が身体を置き去りにしている問題点を指摘している[10]。西垣氏は、リーマン・ショックは、コンピュータに象徴される左脳社会の落とし穴にはまったようなものだと述べている。

同氏の意見は、金融工学のプロが確率論を使って壮大な投資モデルをつくったが、実は基礎値がいい加減なものであったことから、それによって建てた投資モデルは砂上の楼閣であった、というものである。

そのうえで、２０世紀の主な考え方として、主観を排した客観的な左脳の働きこそが人間精神と言われ、コンピュータが左脳の権化となったが、人間の幸福感は身体にかかわる主観的なもので、それは右脳の領域であることを指摘している。同時に、始まったばかりのデジタルな左脳分野の増殖が急激だったために、右脳分野が排除され、問題が顕在化してきたという。

この意見は、直接的にはリーマン・ショックと、それがもたらした経済社会の混乱を対象に述べられたものである。しかし、西垣氏が情報工学の専門家として、

> 私たちが賢くなれば、自然との親和を楽しみながら日々の生活をのんびり送ろうとしたり、スローフード的な暮らしを目指すようになるはずだ

と指摘しているように、右脳の役割は、感性や情動など生存本能に近い生物的な欲求を満足させるうえで重要である。

ここで指摘されているのは、左脳の過度の働きに問題があるというよりはむしろ、右脳の使い方とのバランスを失った場合に起こる問題と考えられる。

西垣氏の述べていることとは直接的には重ならないとしても重要なのは、ＩＴ時代の到来と、地球環境問題が国際社会の焦点として登場してきた時期がほぼ重なる点である。つまり、地球環境問題を左脳社会の理解のみで考えることには、同じようなリスクが伴うということである。

例えば、地球環境問題の領域に属する排出量取引は、国内の場合は別として、国際的に見れば「基礎値がいい加減」という点で、リーマン・ショックをもたらした根本的な「金融工学のプロが確率論を使った壮大な投資モデル」と同様の問題を引き起こす側面を持っている。その影響は経済とリンクするので、国際社会にリーマン・ショック以上の問題をもたらす危険性もある。

◆「科学的」の意味

環境問題がグローバルな問題として取り上げられるにようになってから、環境問題に対処する方法として、

「科学的知識や情報」の重要性が強調され、データや定量的な把握が環境政策上で重視されるようになってきた。いわゆる左脳型理解である。確かに環境の複雑で相互に影響し合う問題に対処するためには、客観的な情報や数値による状況の把握、科学的知見に基づく情報提供が必要である。

一方、紺野大介氏（清華大学招聘教授）が研究開発の思考・成果・比較についてまとめた表４・１[11]を参考にすれば、一般社会で日常的にぼんやりと「科学的」ととらえている概念は、より「技術的」、「工学的」の分類の方に近いのではないか、ということがある。もちろん、本表は研究開発という側面から見た分類である。また、このカテゴリーの分類、およびそれらへの考え方にも様々な解釈があろう。

ここで指摘したいのは、今日、「科学的」という位置づけで提示されるデータや情報は、本表で説明されている「真か／非真か」というほど普遍的、絶対的な重みを持つものではなく、むしろ「適するか適さないか」を判断する際の参考というレベルに位置づけた方がいいのではないか、ということである。客観的な判断を要する時には定量的データを積極的に用いるべきであるのは理解できる

表4・1　研究開発の思考・成果・比較

Category / Item	科　学 (Science)	技　術 (Technology)	工　学 (Engineering)
①判断する基準	真か／非真か	適か／不適か	得か／損か
②主たる認識能力	悟性（力）	判断力	精査力
③性格づけ	普遍性 一般性	個別性 具体性	効率（性） 経済性
④目指すもの	発見 （論文）	発明 （特許）	最適化 （論文・特許）
⑤代表的な人物例	A. アインシュタイン	T.A. エジソン	H. フォード（自動車王）
⑥研究開発の成果とマネジメント	最終的には何時，何処で役に立つかどうかはわからない	明確で具体的な目的と取り組む	工学研究の成果はより高い利益をもたらすことが期待される

出典：紺野大介、あるコスモポリタンの憂国、「選択」、2010.1 [11]

としても、私たちの前に「科学的」として提示されるデータが常に最も望ましい判断尺度だと位置づけるのはどうか、ということである。

例えば、専門家の判断で「この結果は科学的なデータに基づいている」と言われれば、一般的な人々からは反論しにくくなってしまい、直感的な判断が介入できる余地がなくなりがちである。しかし、科学的と見えるデータがある程度の客観性を持つとしても、「真か／非真か」というほど普遍的なレベルの結果が得られていることは少ない。むしろ、ふり返って考えてみると、直感や経験から見た知識の方が正しかったということもある。

◆理解しにくい左脳型用語

明治時代に、アジア諸国と欧米の間には軍備を旨として文化はともかく、政治、経済、商工業、生存競争が要求される技術文明という点では途方もない格差が横たわっていた。このことから、学問、芸術も含めて何よりも懸命に、しかもできる限り早く、それを模倣・摂取しなければならなかった。その結果、日本の古い権力、古い権威のしがらみからは脱却できたものの、欧米の産物は物も思想も人もすべてが上等舶来、絶対の権威として君臨することになった。

以上は会田雄次氏が著書『歴史家の心眼』[12]で述べたことである。

明治時代における日本のそういった経緯とともに、現在はグローバル社会ということもあって、より一層、国際的な考え方や情報が重視されている。同時に、Ｇ８を構成する国々の中で、日本は唯一のアジアの国であることもあって、欧米先進国の考え方に依存することになりやすい。つまり、自然への認識も欧米の近代理性を基盤としたものになりやすい。一方、国際的に通用する専門家や海外旅行者が増加したとは言え、日本人は日本の風土を基盤に生きている。

フランス人として風土学を開拓したことで知られるオギュスタン・ベルク氏は『風土の日本』[13]の中で、日本人の自然とのかかわりにおいて、季語を例にあげ、その特性を指摘している。

まず第一に、集団のレヴェルでは、日本人の文化は極度に繊細な心配りによって数世紀間にわたり自然との関係をコード化してきたこと、そのことを通じて独自の自然をつくり上げてきたこと、第二には、客観的にはどれほど隠された、潜在的なものと見なすべきであるにせよ、そのような母型があらゆる日本人に備わっていることを述べている。そして、重要なのは日本人が平均いくつの季語を知っているかを数えることではない。どのような季語でも、たとえ初めて耳にした時でさえ反応回路がすでにあって、受け取る用意ができており、その回路を通じて、その人固有の自然と社会に対する関係と調和を保ちつつ、すんなり耳に入る ― このことが特徴であるという。

さらに、同氏は、

> 工業文明が他の様々な国と同様、日本においても環境に働きかける手段を１０倍にして人間に与えたとしても、こうした能力の拡大によって、一個の主体が周囲の世界に対して自らを確立する時のやり方が根本的に変化したとか、また ―付随的に― 文化／自然の関係のあり方が変わったというふうには、私は考えない[13]

と述べている

おそらく、現在の日本流の「科学的な」やり方で、日本人と自然とのかかわりや季節認識を調べるということになれば、客観性を重視して「日本人が平均いくつの季語を知っているか」に関するアンケート調査が行われるところであろう。

しかし、もしも「直感や情動を担うのが右脳」という説が正しいという前提でいうなら、多くの一般的な日本人は、日本の国土の風土的特徴によって、歴史的に右脳が強化されていることになる。そういった一般的な右脳型人間に、季語アンケート調査のような左脳型手法を適用することそのものがこの国の人々にはなじまないし、あまり意味のある回答が得られるとは思えない。

環境用語についても同様のことが言える。「生物多様性」などの欧米発の用語は、もともと欧米の風土を基盤としてつくられた概念であり、科学が西欧で発達してきた歴史から考えると、そういった用語は日本人には理解しにくいと考えられる。

現在は、国際条約に基づいて歩調をそろえて立ち向かおうとしている時代なので、適宜、両方の脳を使って共通理解を深める必要がある。しかし、初期情報の段階からいきなり欧米発の翻訳用語を突きつけられても、容易になじめないのは当然である。

◆日本人にとっての自然の感じ方

会田氏は同著[12]の中でさらに、以下のようなことを述べている。

> ヨーロッパでは絶えず耕作地を交代してきたのに対し、水田は畑と違い、土壌がやせないので数千年も毎年連作ができる。こんな穀物は世界で米しかなく、新地をさがさなくとも、よほどのことがないかぎり、毎年豊かな実りを約束してくれる。…（中略）…食えない、食えないと言っても、その度合いが全然違う。ヨーロッパでは近代まではるかに絶望的な状況におかれ続けていたのだ。砂漠地帯ではもっと過酷で厳しい。譲り合って棲み分けるなど不可能で、人を殺して生き延びるか、自分が死んで救うかといった、ぎりぎりのところまで追い詰められた中で生まれ育ったのが、キリスト教であり、回教なのである。

そして、日本人がまるで無重力状態のような、ほんわかとしたムードの中で生きてこられたのは、仏教を信仰の中枢とする社会だったからであることを述べている。

八百万の神々が同居するのを許す仏教的な雰囲気が日本人の精神的風土として根づいていて、排他的で、独善的、教条的な宗教とはなじまないことも指摘している。（日本人が）ドグマにとらわれることなく、新しい変化に的確に対応できるのは、無節操どころか、ずっと合理的であり、科学的進歩と宗教の教条の狭間で苦しむほうが愚の骨頂と言えなくもないという。

さらに同氏は、仏教が現在盛行しているところは、日本、中国中南部、タイ、ベトナム、カンボジアといった豊かな米作地帯が殆どであり、そのことは決して偶然ではなく、気候風土が穏やかで、譲り合えばなんとかみんなで食べていける米の世界にぴったり合ったからだと述べている。

和辻哲郎氏の『風土』[14]では、著者自身が西欧への深い造詣を持ちながらも、日本の原理はそれに依拠する必要はないという考えのもとに、風土とそこに住む人たちの生活感情や文化様式を取り上げている。このことは、日本人が伝統的に直感や情動を担う右脳を駆使して自然と接してきたことと深い関連を持つと考えられる。

市倉宏祐氏の『和辻哲郎の視圏』[15]では、和辻氏の『風土』に関して、地理や風土が人間の生活や文化を直接的に規定しているように考えられていることによる風土的決定論でしかない、などといった批判があったことが紹介されている。

市倉氏は、そういった見解は、自然と人間とを、それぞれ独立に存在する主体と客体として、その一方が他方を規定するとする立場に立っていること、つまり、近代認識論の立場を前提としていることからくるものだとして、そういった批判に反論を加えている。西欧では人間から完全に切り離された自然を問題として、その法則を探求する立場を取っているからである。

市倉氏は、和辻が全く別の立場をとっていることを強調している。『風土』は一貫して、主客が一体となっている日常生活の立場に立っており、だから、自然は人間に恩恵や脅威を与えるものとして問題とされている、つまり、和辻からすれば、自然と人間とは別個に存在しているものではないという[15]。

また、人間の心情と風土が結ばれるのは一瞬の出来事ではなく、長い間かかって、この関係が種々に調整され共同体のしきたりに定着することを経てのことであることを述べ、和辻は日本を傍観するのではなく日本を生きるものの立場に立っていたと解釈している[15]。

◆右脳型の人に合わせた説明の重要性

「生物多様性」といった欧米発の用語が日本人に認識、イメージされにくいのは、自然と人間とを、それぞれ独立に存在する主体と客体ととらえているからではないだろうか。その定義や考え方において、一方が他方を規定するとする立場に立っているからである。つまり左脳型の用語だからだ。

日本人にとってなじみのある里山は、まさに主客が一体となっている日常生活そのものの積み重ねの場である。こういった空間を人々の手によって守ることにより、生物の多様性を保全してきた歴史がある。

専門家や研究者は別として、こうした一般的な日本人にとって異質な「生物多様性」という欧米発の用語を、いきなり日本人の日常生活に投げ込んでも、容易には理解しがたい。

外山滋比古氏の著書『自分の頭で考える』[16]の中では、「翻訳と日本人」について述べられている。日本人は明治以降、欧米の著作を翻訳してきたが、日本の翻訳は概して不器用、難解であり、すらすら読めるのは例外的で、何度読んでもわからぬようなものが、「深遠」だとありがたがられてきたことすらあったという。

そのうえで、しっくりした訳語が得られない場合、どうしても原文に近づく、言い換えると、日本語から離れることになりやすいことが指摘されている。そして、原文に忠実であるということをどんどん推し進めていけば、結局、原文をそのままを読むしかなくなり、翻訳は原理的に成り立たなくなるという。

さらに、経済において、生産者が強く消費者が弱いとき、その中間者に位する仲介者は生産者寄りになり、逆に消費者の方がより力を持っているとき、仲介者は消費者側に近くなり、買い手市場になる。このことを説明したうえで、翻訳者も原著者の方が強ければ、翻訳者は著者側に近くなり、原文に忠実になるのは自然である。逆に、訳文読者の社会的、経済的な力が大きくなればなるほど、仲介者の翻訳は読者寄りになる[16]ことを述べている。

つまり、これまでの翻訳者は原著書にどれだけ近づいているかで自分の力を示すことができたが、新しい訳者はどれだけ読者を動かすかで、力量が問われるように変わってきたということである。

◆自然観になじむ事例の紹介や説明

筆者らの場合は、ドイツ人であるフォイヤヘアトの並はずれた語学力と幅広い知識や解釈によって、ドイツ語の原文が実にわかりやすく日本人である中野に説明される。それを中野は右脳型解釈で日本語として固定している。

しかし、フォイヤヘアトの意見によれば、中野が書いた日本語の文章を再びドイツ語に直訳し直すと、また、違ったドイツ文ができあがり、内容としては合っていたとしても、全く違った印象のものが出来上がるという。

米国政府関係者はインターネット空間を、空、海、宇宙と併置して「グローバルコモンズ（共有地）」と呼ぶことが多くなっているという。これからのウェブ社会では、こういった欧米の価値観やイデオロギーに牽引された英語圏を主としたグローバルウェブと、政治体制や文化・言語圏を中心としたローカルウェブがせめぎ合い、分断されて林立する時代が来ることが予想されている。

地球環境問題は、一見、こうしたグローバルコモンズととらえた空間を対象としているかのように考えがちである。工業製品のライフサイクルのみを対象として考えた場合、ある程度、こうしたとらえかたは成立するかもしれない。

しかし、生物多様性といったローカルな条件を基盤として考えるべき分野の場合は、より地域ごとの特性を重視すべきである。生物を考える時に、「すべての条件が平均値」という環境はどこにも存在しないからである。「生物多様性」等の国際条約に関わる用語を他の日本語で代替することは難しい。専門家は原文で読み、その定義や学問的な意味について専門家の立場で議論すればよい。

しかし、広く国民に理解を深め、生物多様性に向けた行動の促進を目指すなら、つまり外山氏が象徴的に述べている「どれだけ読者を動かすかで、力量が問われる」ことを目標とするなら、少なくとも環境政策の実施レベルである市町村では、この用語について、日本人の自然観になじむ事例の紹介や説明が必要である。

「欧米発の用語のわかりやすい説明」と、「日本人になじむ日本の風土を土俵にして解釈した説明」は別ものである。両方が必要としても、より後者の方が重要である。

前者だけであると、多くの日本人にとっては、頭では何となくわかったような気がするけれども「身体が置き去り」にされるからである。

3　日本人の脳の使い方と自然との関係

明治の末に来日し、生涯にわたって日本研究に取り組んだことで知られるポルトガル総領事モラエス（1854～1929年）によって、日本人はヨーロッパ人と逆のやり方をすることが指摘されている[17]。

例えば、

①日本の書物の第1ページはヨーロッパ語で書かれた書物の最終ページに相当する、

②日本人は北東、南西と言わず、東北、西南という、

③母親は子供を抱くのではなく、背中に背負う、

④日本の錠前を開閉するには、ヨーロッパの錠前とはま

さしく反対の方向に鍵をまわす、

⑤日本の大工はヨーロッパの大工とは逆に鋸(のこごり)をひき、鉋(かんな)をかける、つまりそれらを手前に引く、これらふたつの工具は、もちろん、それに適った特殊な構造になっている、

⑥日本の裁縫女は糸を針に通すのであって、ヨーロッパのように針に糸を通すのではない、

⑦傘は雨が降らないときには、柄を下にして先端を掴んで持ち運ぶ、

⑧手紙は表書きに宛先を書くとき、日本人は府県名から始め、次いで街区、それから街路名、戸口の番号を、最後に受信者の名前を書く、

などである。

モラエスによって指摘されている日本人とヨーロッパ人の逆のやり方には、脳の使い方と関係があるかもしれない。

脳と言葉の研究で知られる黒川伊保子氏は、世界の言語は母音骨格で音声認識をする「母音語」族と、子音骨格で音声認識をする「子音語」族の2種類に分かれ、日本語は母音を主体に音声認識をする世界にも珍しい言語であることを指摘している[18]。自然体で発生される母音は、音響波形的にも自然の音に似ている。例えば、木の葉のカサコソいう音、小川のせせらぎ、風の音などである。自然は、私たちの脳に「語りかけて」くるので、当然、母音の親密感を自然音にも感じている。日本人は母音と音響波形の似ている自然音もまた言語脳で聴き取り、身体感覚に結びつけているため、自然とも融和するのだという。

もちろん、言語が先にあったのではなく、何千年も続く豊かな自然が、日本人の脳に影響を与えて、自然と融和する日本語をもたらしたのであろう。

筆者らは長年にわたる日本人とドイツ人との共著連載に取り組んできた。その過程では、原文がドイツ語や英語である場合に、どのような日本語に置き換えるかによって、テーマへの理解度や文章全体の印象が全く違ってくることや、読み手への伝わり方にかなり違いがあるということを経験してきた。

フォイヤヘアトは日本語の微妙な言葉のニュアンスを理解できるので、ドイツ語や英語の原文を日本語に訳す際にも、原語のキーワードの持つ意味と、それを日本語として表現するための解釈に選択肢を与えてくれる。中野はそれを参考に、日本語としてどう表現するかに苦心

してきた。

訳し方や説明の仕方は目的によって異なる。したがって、直訳的な方が望ましい場合もある。また、言語はそれぞれの社会の自然、歴史、文化等と結びついているので、どちらかが優れているというような比較はできない。

そういった前提のもとで、特に国際的な目標である「生物多様性」などといった自然と直接関係のある概念を日本で普及させ、そのための行動を促進することが目的の場合に、どのようなことが望まれるのかについて考察する。

◆子音語族と母音語族との宇宙の見え方の違い[18]

黒川氏によると、伸びをすれば、自然に「あーっ」という声が出る。痛みに耐えるときは、自然に「うー」と唸っている。勢いをつけるときには、「えいっ」、のけぞるときには「えー」、偉大なものに感銘したら、思わず「おー」と声が出るように、母音は、息を制動せずに、声帯振動だけで出す、自然体の発生音である。このように自然体で素朴、ドメスティック（私的、内的、家庭的）な印象があり、ふと心を開かせるのが母音の感性的特徴だという。

さらに、日本語はすべての子音と母音の組み合わせを五十音図という二次元の行列で合理的に表しており、息の流れを邪魔することによって出す音素群である子音と、母音の組み合わせによって潜在的な印象をつくり出しているという。「嬉しかった、ありがとう、さようなら」と、「光栄でした、感謝します、失礼します」では心の距離がかなり違うように、人間関係の中で相手と距離をとりたい時には、子音が強く響くことばを使うとよいと説明している。

つまり、五十音図における子音と母音の組み合わせによって独特の音の感性特性がつくりだされており、日々、それが明確に意識されているわけではないが、その発音体感が人間の意識を左右していることになる。

黒川氏によると、西洋のダンスでの Up, Down の発音体感が、本人（対象物自体）が上に発射されたり、下に沈んだりする感じを与えられるのに対し、東洋の舞での「ウエ、シタ」の発音体感は本人が身を低くするウエと、本人が何かの上に乗る感じのシタであるように、話者の立ち位置が逆になる。つまり、西洋のダンスは自分が世界の中心にある踊りであり、東洋の舞は宇宙の中にいる自分を表現する踊りである。この自分が世界の中心にいる感覚と、世界に対して自分を位置づける感覚は、西洋思想と東洋思想の違いでもあるという。

そして、Up, Down のような主観的な語感のことばでものを考える人たちにとって、客観性は、論理学や民主主義のようなツールでやっと手に入れることができる憧れの「知」であり、そのことは合議制を好む態度につながつながっているという。

それに対して、日本人は宇宙の中にいる自分という位置関係から、声高に人権を主張しなくても、暗黙のうちに何となく納まるように大勢が動いてきた。つまり、世界の多くの子音語族と、世界でも珍しい日本の母音語族では近代思想の出発点そのものが異なることになる。

語感から見える宇宙の違いは、脳の認知構造の根幹とも深く関与している可能性がある。

◆擬音・擬態語による自然表現[17][18]

モラエスは、特に言語と関連づけて日本の自然主義と没個性を以下のようなことを指摘している。

例えば、日本人は決して「人・美しい」とは言わず、「美しい・人」と言うように、被修飾語よりも修飾語を優先する。これは、被修飾語である「人」が無、すなわち何の重要性もない抽象的な句であることを表している。究極の結果として、動詞における絶対的被人称性を指摘している。例えば、一団の人々の中のひとりが「かえります」と叫んだ時の主語がなくても、会話の流れの中で発せられた言語によって誰が帰るのかを正しく理解するようあらかじめ聞き手に準備させている。

さらに、日本語文法には冠詞がない。名詞と形容詞は性・数とは関係なく、無変化である。人称代名詞はないといってよい。動詞の時制は、人称に関係なく、無変化である。文には文法上の主語がない。したがって、諸事象は観客もいない、事実の目撃者もいない世界で生起するようなものである。これらは、個人が意図的に舞台から排除されてしまうからであるという。

モラエスはこういったことを日本語文法が示す「個人の没個性」とし、ヨーロッパ人からすると驚くべき事実だと指摘している。すなわち、日本語においては、自然現象によって代表される生命維持活動の壮大な全体の中で、日本人の個我は崩壊し、溶解し、消滅してしまうという。

モラエスは、日本語には、例えば、「びしょびしょ」、「ぶらぶら」、「しょぼしょぼ」、「ごろごろ」といった擬音・擬態語が多いことも指摘している。擬音・擬態語は言葉がまだ不足していて、人々が互いに理解し合うのに特定の状況下で事物が発する音を模倣していた幼少期にある言語を表している。したがって、ほとんど猿の言語と言える。

しかし、祖先たちが自己表現に用いていた旧習、伝統を好み、擬音・擬態語には絵画的自然主義も影響しているに違いないことを述べている。その理由として、日本人は周知のごとく、世界でもっとも熱烈な自然主義者であることをあげている。

黒川氏も日本語における擬音・擬態語について、同様に自然との関係を指摘している[18]。それらは、情景と語感が一致している最もわかりやすい例であり、日本人が擬音・擬態語に対して暗黙のうちに了解している部分はあまりにも大きいと述べている。そして、ことばは音韻（ことばの音の最小単位）の並びであり、その発音体感が潜在脳にしっかりとことばの象をつくり上げている。

黒川氏の述べる、子音は息の流れを邪魔することによって出る音素群なので、口腔内で起こる力の質をつくり発音体感の質をつくり出している、という説明から考えると、日本人が多く使う擬音・擬態語こそ、自然を表現した直接的接点ということになる。

例えば、「そよそよ」がさわやかな開放感をことばの語感として表現できるように、自然の状態を直接的にことばとして表している。

ソクラテスは、ことばの象と、実体の事象とが合致する原語こそ美しいと述べ、クラチュロス（哲学者）は、この合致を、おそらくことばの正しさとよんだという。

◆発音体感による効果

生物多様性に関する説明で、最近では国内で「里山」の事例が効果的に用いられている。「里山」はその漢字の表す意味からも、ふるさとやなつかしさを連想させる。

さらに、黒川氏の説明に従って、「里山：ＳＡＴＯＹＡＭＡ」の発音体感を簡単に分析してみる。「Ｓ：さわやかな空気をはらんでいる感じ」、「Ａ：開放感」、「Ｔ：粘性のある液体の感じ」、「Ｏ：包み込む感じ」、「Ｙ：やわらかさとゆらぎ」、「Ａ：開放感」、「Ｍ：（不明、詳しい説明はなかった）」、「Ａ：開放感」となる。

自然発生的に生まれて日本の風土の中で培われてきた

音韻を使って説明すると、発音体感だけで脳の中に壮大なドラマを展開し、説明と実体の事象とが合致する明確な意識を醸成できる。そして、「生物多様性」という抽象的な用語よりも、生活文化と直接的に結びつき、生き物、先祖、風土とのつながりとその重要性を「暗黙のうちに何となく」印象づけることができる。

久保田展弘氏[19]によれば、一般的な日本家屋の床の間は、季節・自然を象徴する世界であり、神仏を祀る聖なる場でもあった。だからこそ、床の間を背負う空間が最も権威のある上座となったのである。上座に座る人はこの世の季節を背負い、その自然によって守護される人だったという。

上座のルールは、現在でも日本のビジネス界における礼儀の基本となっている。日本人はこうして無自覚的に伝統を背負っている。

◆用語の使い方による理解

筆者らが第2章で紹介した報告書「ドイツの2020年までの居住地由来の廃棄物処理の戦略と見通し」の解説において、日本でいう「埋立地」を「蓄積地」という用語に置き換えた。本報告書の内容は、居住地由来の廃棄物（日本でいう家庭系一般廃棄物）を蓄積しないで、完全に利用（再資源化またはエネルギー回収）するドイツの目標に関するものである。

筆者らが本報告書について解説する際に「蓄積地」という用語を用いたのは、ドイツでは日本の埋立地のように、谷などのポケット状の場所を利用して「埋め立てる」というよりも、地面をへこませてその上に積み上げていくので、「蓄積する」または「積み上げる」といった表現の方が適切だというフォイヤヘアトの意見によるものである。

いきなり「蓄積地」といっても日本では何のことかわからないので、一般的には「埋立地」でよいと思われる。しかし、このような用語一つをとっても両国の国土条件の違いがわかる。山がちで平野が少ない日本ではいわゆる凹部に「埋め立てる」という概念がわかりやすい。一方、概して平坦な国土であるドイツでは凸状に「積み上げる」という概念がわかりやすい。

このことは、子音語圏と母音語圏による発音体感の違いによるものではなく、むしろ漢字によってもたらされる意味の違いや、国土条件など背景による解釈の違いである。

しかし、翻訳で用いる用語によっては、見えてくる世界の理解が違うという一つの例とも言える。

逆に言えば、翻訳上で正しく日本語に置き換えたとしても、異なる印象を与えている可能性があることでもある。

◆知識としての理解が必要な子音語圏の定義

国際条約には国際的な合意を必要とする背景や目的がある。政治的な関係もあるので、それはそれとして理解する必要がある。例えば「生物多様性条約」に関して、いわゆる子音語圏で表現された説明を「知識」として理解する必要がある。

一方で、違う言語は異なる考え方のルールを示している、という認識も必要である。日本国内において国際条約の目的に向けて取り組むためには、実体と事象とが合致する言語で説明した方が効果的だということである。

日本列島は北から南に及んで人間が生きていくことができ、他の生命も棲息することができる。日本文化の特徴は自然と人間の親近性とも言えるからである。

同時に、説明内容としても、例えば「人類が生態系から得ることができる便益を生態系サービスと位置づける」というような考え方は子音語圏での理解に基づくものである。確かに事業活動を対象として考えた場合には、こうした考え方が必要である。しかし、母音語で生きてきた多くの日本人にとっては、違和感や抵抗を受けることが多いであろう。

結果的に日本人も生態系からの便益を利用している。しかし、日本人の立ち位置は自然の外側ではなく内側にあり、その中で生かせていただいている、というのが伝統的価値観だからである。つまり、人間と自然との関係において、もともと人間と生態系とを明確には切り離していないので、生態系からの便益とか供給者とかいった概念すら希薄だと思われる。日本人にとっての山川草木に対する態度は、心の内からわき上がってくる愛情の実感であり、ともに自然の中でいのちとして息づいていることへの共感であるからである。

自然と人間の関係を抽象的、定量的な視点から考えようとする方法は、いかにも科学的で普遍性があるような印象を与える。企業の環境経営にも取り入れやすい。しかし、科学は感性的な質を持った世界を系統的に整理し、自然法則をみつけることによって生まれてきた。このことを考えれば、科学は生活世界から生まれている。

日本人の自然観である、自然の一部として人間があり、その立場で自然から学んできた伝統から考えると、生活から遊離し、非人間化した「科学的」生物多様性なる解釈を、無自覚に日本に普及させることは、本来、日本人が持っていた自然への親近性を喪失させてしまうことにもなりかねない。

同時に、生物多様性を含む「自然環境の保護」という概念そのものが、日本人本来が持っていた自然観に対して、キリスト教の伝統に潜んでいた自然崇拝の欠如にあることも指摘できる。

工業製品を対象とする場合と違って、生物という自然界そのものが対象である場合、自然観や自然条件の基盤の異なるところからの定義を持ち込む際には、それぞれの国独自の自然観と遊離しないように気をつける必要がある。

基盤の異なるところにおける定義の直輸入は、無意識のうちに伝統的な価値観を崩壊させ、脳の自然に対する認知機能にも影響を与える危険性さえあるからである。

4　欧米発の翻訳語の無自覚な導入が与える影響

反省なしに翻訳語を導入することによって人間関係をガタガタにしてしまった、と指摘しているのは宗教学者の山折哲雄氏[20]である。自己愛の個が蔓延し、孤独な個が暴走する姿が巷にあふれ、気がついてみればわれわれの周辺に子殺し、親殺し、慢性的な自殺志願者の増大という深刻な事態を招いてしまっている。

山折氏はこうなってしまった第一の理由として、横並び平等主義をあげている。ヨコの人間関係だけを意識し続け、タテの教育軸、垂直の師弟軸を亡失したまま長い時間を過ぎてしまったために、水平軸の人間関係神話がいつのまにか出来上がってしまった。それを後生大事にしているうちに人間関係が損なわれるとともに、誰も彼もが身近な他者と自分を比較する癖がついてしまったというものである。

容貌、性格からはじまって社会的背景、財産のありなしまで、平等でも公平でもない現実をつきつけられる比較地獄がはじまり、自縛自縄のなかでいつしか敵意が芽生え、殺意に育っていくという。

ここで山折氏が「反省なしに翻訳語を導入」してきた対象としているのは、「個」とか「個性」ということばである。これらは西洋からの輸入語であり翻訳語であったこと、そして、そもそも西洋の近代社会がつくりだした新しい理念であったことである。それをいち早くとりいれたところに明治近代の英知の一端をかいまみることができる。

このことは認めつつ、西洋直輸入の理念を、日本の伝統的な価値観に照らしあわせ比較してみるという作業を完全に怠ってきたことが、空洞的な個の自立、個性の尊重という観念となり、ひいては人間関係をズタズタに引き裂いてしまったと指摘している。

以上は反省なしに翻訳語を導入したことによって「人と人」の関係に及ぼした影響に関する一つの考えである。反省なしに翻訳語を導入することによる「人と自然」の関係ではどうなのだろうか。

「生物多様性」という用語の導入に慎重さを求めているのは、欧米発の翻訳語の無自覚な導入が、日本の伝統的な「人と自然」の目に見えない関係に、決定的な影響を及ぼしてしまう可能性があるからである。

◆日本での適否というフィルター

現在のようなグローバル社会の中では国境が意識されにくい。そのため、海外から多くを学びながら、それを日本の中に取り入れ、日本の生活文化に即してその適否を検討するということが困難になりがちである。

というよりも、さらに無自覚的に、「日本での適否」というフィルターを通さずに、欧米の考え方や価値観を受け入れやすくなっている。昭和時代までは、日本人ほど敏感に新しいものを受け入れる民族もいないし、日本人ほど忠実に古いものを保存する民族もいない、という一般的通念があった。

しかし、現在では、「古いものを保存する」という行動、あるいは考えが起こりにくくなっている。

安成哲三氏は、

ヨーロッパ中世末期に始まった近代合理主義の精神は一言で言えば発展の精神であり、分析の精神である。自然は無限に分析可能であり、人間社会の発展は無限の可能性を持っている、という精神でもあろう。私たち科学研究者は、今なお、この近代合理主義の呪縛から解き放たれていない[21]

と述べている。そのうえで、西欧側の人たちが主張している「持続可能な開発」という概念はまさに修正された近代合理主義に基づくアイデアであろうが、このような概念のみによって、現在人類が直面する問題の解決になるかどうか、非常に疑問がある[21]ことを主張している。

既に定着してしまった大量生産、大量消費、大量廃棄型のライフスタイルは、昭和３０年代半ば頃から物質文明の神髄を実現する国家、アメリカから入ってきた。

伝統的な日本文化の中には、良いものを心をこめてつくり、大切に使うという価値観があった。和服、陶芸品、家具、掛け軸、その他の小物などが子孫に受け継がれていく伝統の中には、現在のような大量主義では味わうことのできない伝承感や内面の満足感、あるいは家系的な誇りがあった。

◆工藝の価値

宗教哲学者であり、民芸運動を起こしたことでも知られる柳宗悦氏（１８８９—１９６１年）は、『工藝の道』[22]の中で、美術に対する工藝の美を説いている。この著書[22]は昭和２年４月に創刊された雑誌「大調和」に「工藝の道」として翌年正月号まで連載された論文等が集約されたもので、２００５年に学術文庫版として刊行されている。

(1) 伝　統

この中で、同氏は伝統とは過ぎた形ではなく、不変の美が時代の異なる形式にその姿を現すに過ぎないのであって、過ぎた形ではなく、かかる永遠なるものを指して言う、と述べている。つまり、古えに帰れとは、過去に帰るのではなく永遠に帰れとの義であり、時間の世界を言うのではなく、超時間の世界を指すという。

この著書[22]は、工藝をテーマに述べられたものである。工藝分野のことと環境問題は本来、同じ土俵で考えるべきではないかもしれない。しかし、同様のことを現実の環境問題に関連させて言うこともできる。

例えば、今日、江戸時代の自然と調和した循環型社会の様々な優れた点が強調されるのは、江戸時代の暮らしに帰れという意味ではなく、超時間的に通用する優れた原理が江戸時代に現れていたのであり、そこから学ぶことの重要性が強調されていると考えられる。

江戸時代に日本人が選択してきた方法とは、資源に乏しい国が、長期にわたる鎖国政策の中で生存戦略として身につけてきたものとも言える。しかし、そういった条件の中で当時の人々の智慧の結集によって乗り越えてきた経験は、まさに宗悦氏の言う、ある不変の原理のようなものがその時代に現れた例とも言える。このことは、現在、世界が直面している問題に対する一つの具体的な回答とも言える。

(2) ものづくりと自然、風土

同氏が述べているのは、美術に対する工藝の価値についてである。美に至る道には2つがあり、一つは「美術」と呼ばれ、もう一つは「工藝」と呼ばれるものである。

今日「大名物」と呼ばれる名器の一切が実は雑器類であったように、工藝とは「用」、つまり実用品としてつくられたものである。用から離れた「置物」のような美術品と区別されている。

今日まで美の標準は美術からのみ論じられ、工藝は低い位置に棄てられてきた。しかし、器の極地であるとさえ考えられる初代の茶器が、元来は全くの実用のためにつくられたものに過ぎないように、質素な生活の中から、着実な性や堅固な質、謙遜、誠実に生まれてきたものが工藝の美であるという。

特に智慧の高い人々によってつくられたわけでもないのに、それらが現在でもなお価値を持ち続けるのは、無心という美徳のもと、堆積してきた遠い伝統と、繰り返された経験、自然の叡智を素直に受け入れてきたからであるという。

特に同氏が強調しているのは、工藝の美を支えた力が自然であったことである。民衆は自然の前に従順であり、自然の意志から遠いものを試みることがなかった。精緻な意識は、かえって勢いを器から奪うのであり、簡単な方法、単純な技、質素な心、それだけで器を現すに十分であるという。古来、偉大な模様は一見、複雑に見えたとしても錯雑なのではなく、単純の複合として出来上がっている。

また、例えば瀬戸という一個の固有名詞が「瀬戸物」

という普通名詞に転じているように、「唐津」もその土地を知らない人には焼物との意しかないように、工藝にはそれぞれの故郷がある。久留米、結城、大島、八丈、会津塗、若狭塗など特殊な工藝は郷土を記念する呼び方になっている。

それらの特殊な工藝の特殊な発達を促しているのは自然であり、工藝に現れる変化の美は、風土の美であると言わねばならないという。工藝の特殊性や多様性には地方性が現れているが、それらは例えば寒暖や天然の与える材料など、自然への帰依によって実現されていることが述べられている。

(3) 背景にある生活の組織

もう一つ強調されているのは、よい工藝は秩序や道徳によって支えられていることである。西欧において最も偉大な工藝の時期である中世期はギルドの時代であったが、それは単なる偶然ではなく、常に結合せられた組合の制度があり、人々は組合を守り、組合は人々を守ったという相愛の原則、同胞において互いの人格を認める関係があったという。つまり、上下の反目や貧富の差、誠実の放棄や仕事への忌避、利益への情熱がある時にはよい工藝は生まれ得ないという。

また、手工には仕事の喜悦を伴うが、機械にはそれが伴いがたく、（筆者注：もちろん今日では全てが手づくりであることは難しいが）、人間が主であり機械が従であるという主従上下の位置が保たれている時に工藝の美があるという。

(4) 直観の力

宗悦氏によると、こういった工藝論を可能ならしめているのは直観であるという。一般的に直観は独断のように受け取られやすいが、同氏は直観なき理論こそ独断であると述べている。ここで、直観というのは、ちょうど「空」とか「不」というのも、それが一相ではなく無相を指すのと同じように、「立場なき立場」というがごとき「絶対的立場」と呼んでもよい立場であると説明している。

直観には私見がないので、直観よりさらに確実な客観はなく、直観は信念を生ずるという。

例えば、歴史的立場とか、科学的立場といった場合、ある一個の立場に立っているのにすぎないのであり、そこに絶対値はなく相対的意義に終わるのではないか、というものである。そのうえで、もし絶対的立場というものがあるなら、それは直観以外にあり得ないと述べている。

◆生物多様性との関係

以上のような工藝と美術の違いと、環境分野の生物多様性とはどう関係があるのか。

共通するのは、根底を流れる自然中心主義と人間中心主義の違いである。国際的なテーマである「生物多様性」という翻訳用語が日本人に理解されにくいのは、それが人間中心主義の価値観に基づくものだからである。

宗悦氏は、美術と呼ばれるものはみな「人間中心主義」の所産であり、これに対する工藝は「自然中心」の所産であると述べている。もし、美術が唯一の高き意味で美を示すなら、美は実用から遊離し、民衆を放棄しなければならないという。美はひとり天才の所業、個性の勝利であるからである。

同氏によると、工藝が民衆の道、無心の道、没我の道であるのに対し、美術は天才の道、理解の道、個性の道だと位置づけられている。優れた工藝には、むしろ、個性の沈黙、我執の放棄があり、作者に個性を言い張る者はなく工藝は無銘に活きている。民衆のかかわった美、秩序に準じた自由、伝統に基づく安泰な美、確かな形、静かな彩、これらは用に堪えんとする性質である。器が用を去る時、美もまた去るという。

宗悦氏がその考えの対象としているのは、主に器である。また、同氏が述べているのは日本人論ではなく工藝論である。しかし、日本人にとって、工藝論に述べられている価値観は、器に対してだけでなく、人と関連する様々な場面にも共通する。

例えば、里山は、そこに生活している人の営みなくしては成立しない。天才ではない、そこに住む普通の人々による直観、つまり、自然の仕組みを読み取る見識によって支えられてきた。私たちが手入れされた里山を美しいと感じるのは、器の場合と同様、民衆のかかわった美、（自然の）秩序に準じた自由、伝統に基づく安泰な美、確かな形、静かな彩、という生活に堪えんとする性質があるからである。そういった営みの中で生物の多様性が保たれていた。

今日、美術と工藝のそれぞれに価値があり、どちらに優劣があるかは比較できない。同様に、欧米発の生物多様性の考え方と日本の伝統的な自然との接し方のどちらに優劣があるかは、比較すべき問題ではない。むしろ、様々な考え方や価値観を謙虚に学び、国際的な取り組みと歩調を合わせて対策を進める必要がある。

しかし、生物の多様性を目的とする時、人間に役立てるために生物多様性を保全するという人間中心主義の考え方が前面に出てしまうと、日本人が従順に、没我的に接してきた自然との伝統的な関係を根底から覆してしまう可能性がある。

冒頭では、反省なく翻訳語を導入することによって人と人の関係がズタズタにされたと述べている山折氏の意見を紹介した。同様に、ルーツの異なるところからの「生物多様性」という翻訳語は、外来種が生態系を撹乱しているがごとく、伝統的な人と自然の関係を撹乱する恐れがある。

多くの日本人にとって「生物多様性」という用語には違和感があると思われる。海外からの直輸入の理念を、日本の伝統的な価値観に照らしあわせ比較してみるという作業、そのうえでどのように国内、および国際的な対策に立ち向かうのかを考えておくことは、思いのほか重要なのである。

●（第4章）参考・引用文献

[1] 平成２１年版環境・循環型社会・生物多様性白書、２００９
[2] 服部　保他：『ふしぎの博物館』、中央公論新社、ｐｐ９４～１０３、２００３年１月
[3] 菅原巖：『川西の歴史と産業』、創元社、２００７年８月
[4] 川西のあゆみ：第４次川西市総合計画、川西こころ街計画２０１２、川西市
[5] 深町加津枝：京都府北部における里地里山保全・再生モデル事業の取り組み、生活と環境、５４巻、８号、２００９年
[6] Hitokura Dam's Wish 知明湖　流域の暮らしとともに、水資源開発公団一庫ダム管理所発行、一庫ダム：水資源開発公団一庫ダム建設所監修
[7] 一庫ダムのおいたち、（独）水資源機構一庫ダム管理所　http://www.413110.com/hitokura/dam/rekisi.html
[8] Ｋ・Ｈ・フォイヤヘアト・中野加都子：『先進国の環境ミッション―日本とドイツの使命―』、技報堂出版、２００８年５月
[9] 平成１６年度環境省調査
[10] 西垣通：左脳社会の落とし穴、日本経済新聞、２００９年９月１０日付け夕刊

[11] 紺野大介：あるコスモポリタンの憂国、「選択」、２０１０年１月
[12] 会田雄次：『歴史家の心眼』、ＰＨＰ文庫、２００１年３月
[13] オギュスタン・ベルク（篠田勝英訳）：『風土の日本』、筑摩書房、１９９２年９月
[14] 和辻哲郎：『風土―人間学的考察―』、岩波書店、１９７９年５月
[15] 市倉宏祐：『和辻哲郎の視圏　古寺巡礼・倫理学・桂離宮』、春秋社２００５年２月
[16] 外山滋比古：『自分の頭で考える』、中央公論社、２００９年１１月
[17] ヴェンセスラウ・デ・モラエス著、岡村　多希子訳：『日本精神』、彩流社、１９９６年１月
[18] 黒川伊保子：『日本語はなぜ美しいのか』、集英社、２００７年１月
[19] 久保田展弘：『日本多神教の風土』、ＰＨＰ新書、１９９７年８月
[20] 山折哲雄：孤独な「個」の暴走という病理、産経新聞正論、２００９年７月２０日付け朝刊
[21] 講座　文明と環境　第６巻　歴史と気候、吉野正敏・安田喜憲編集、朝倉書店、１９９５年１２月
[22] 柳宗悦：『工藝の道』、講談社学術文庫、２００５年９月

第5章　気候変動への戦略

地球温暖化と人間活動には深い関係がある。地球温暖化そのものが起こっているかどうかについては未だ様々な議論がある。しかし、ここ数年の気候が異常な状況にあることからも、将来を見据えた多分野にわたる対策を戦略的に考えておく必要がある。

ここまでの章では、時代の転換期への新しい対策や方向性に関する動きや考え方について述べた。一方で、ものづくりに基本的に求められることについても述べてきた。

本章の前半では、気候変動は既に起こっているという前提で考えられているドイツの国家戦略を紹介する。

後半では、日本の都市環境政策の先進的な事例として、地域特性に合わせた環境対策を組み合わせることを計画している神戸市の環境政策事例について紹介する。

1　気候変動に関するドイツの戦略

報告書「気候変動に関するドイツの戦略」[1]は、ドイツにおける今後の気候変動に対する戦略をまとめたものである。本報告書は２００８年１２月に発行されているが、まだ中間段階の位置づけであり、より具体的な実施策は２０１１年３月までに具体化されることになっている。

内容は、戦略を実施するに当たってどんなことが必要になるかを、様々な分野にわたって検討したものとなっている。その中では、考え方、必要性、地域の特徴ある取り組み、世界全体に対するドイツの貢献、国際協力にまで触れている。

本報告書の特徴は、気候変動がどのように起こるかということではなく、気候変動が起きているという前提に立って、変化に対応してどのように行動すればよいかを検討している点である。すなわち、気候変動という既に起こりつつある自然現象のメカニズムに対応して、連邦政府がどのような責務を果たすべきなのかという方向でまとめられている。

連邦政府の責務とは、基本的には利害関係者どうしの羅針盤となり、全体的な実施策の調整機関としての役割を果たすことである。段階的に社会の利害関係者と話し合い、適切な目標を定義、実現することによって、より具体的措置を見いだそうとしている。

対応策は各リスクと対応の必要性に関して包括的取り組みを考え、ドイツとしての貢献を反映することによって持続可能な発展を支援しようというものである。

基本的な考え方の第1は、今後の気候変動がドイツと世界に与える影響を予想することである。第2は不完全な情報への取り組みについて考えること、第3は情報分野や特定地域における気候変動による悪影響を指摘し、可能な対策案を提供することである。

対策案の目的は、気候変動が起こることによる悪影響を緩和し、自然システム、社会システム、経済システムの対応能力が高められるように、可能なチャンスを生かすことである。

ここでは本報告書の概要について紹介する。

◆基本的な考え方

一般家庭、科学、経済界、企業、行政を含めて持続可能な計画と行動を起こすためには以下のようなことが必要である。

①知識、情報の基盤を高めることによって可能な対応とリスクをより具体化する。

②必要な措置を指摘する。

③透明性と参加という考え方で幅広くコミュニケーションを促進し、各グループの活動を支援することによって決断に必要な情報を提供する。

④不完全な情報の取り扱い方に関する戦略を開発する。

これまでの取り組みでは、気候そのものの変化がどこまで起こるかについて、詳細な知識が不足していた。また、情報にはばらつきも多かった。

しかし、地域を対象とした気候変動モデルの現在までの結果を見ると、異なったモデルが似たような結果を示している場合には、十分に役立つ情報または結果が得られると考えられる。それを基盤にして、各分野や地域への影響について、必要な対策を講じることが可能である。

以上のような考え方から、連邦政府はこれから気候変動の影響を評価する場合、マルチモデルアプローチに基づいて判断、行動する必要があると考えている。つまり単一のシナリオのみに基づいて判断するべきではない。

◆対策の目標と枠組み

気候は世界全体で変化する。気候変動によって人間生活の状況も変化する。ドイツも例外ではない。専門家は、世界の気候変動をある枠内に留めなければ深刻な影響が現れると指摘している。ドイツおよびＥＵを含めた長期目標では、世界全体の平均気温の上昇を２℃以内に抑えることを目標としている。

この目標を達成するために、温室効果ガスの排出量の著しい削減が必要となる。また、平均気温の上昇を目標どおりに抑えられたとしても、自然、社会、経済が既に始まった気候変動による影響を受け続けることは避けられないと予想される。

平均気温の上昇を２℃以内に抑えるという目標を前提とする場合、適切かつ速やかな対策によって深刻な影響を避けることが、具体的な目標となる。もし気温上昇の制限に失敗すれば、より深刻な被害を受けることになる。被害が起こってから世界全体で対策を実施することになると、より多くの努力が必要になり、実施そのものが困難となりコストもかかる。このことから考えれば、コストをより少なくするためにも温室効果ガスの排出削減を各国で行うことが、中心的課題となる。

つまり、「温室効果ガスの排出量削減対策」と「気候変動への対策」は密接に結びついている。

ドイツの対策の長期目標としては、自然、社会、経済システムが受けやすい避けられないグローバルな気候変動に対する深刻な影響に対して、ある程度、受容して変化に対応する力を持つようにしなければならない。

そのためには次のようなことが必要である。

①長期の気候変動によって発生する悪影響に対するドイツ全体と各地域の対策を具体化する。

②危険性とリスクを明確にし、変化の時期、被害レベル、変化の確実性について情報提供し、透明性を高める。

③変動への認識を高めるとともに、利害関係者に敏感になってもらう。

適切な判断基準と密接な情報提供手段を確保し、社会の各グループが家族、企業、行政と連携して適切な行動をとれるようにする。

④可能な選択肢を提供し、責任者または責任負担を調整して決める。対象案はよく練ってから実施する。

◆具体的な進め方

連邦政府は本対応策を中期プランと位置づけ、各利害関係者と協力し、２０１１年の秋までに各テーマに関するアクションプランを明確にし公表する。

具体的な進め方は以下の方針に基づく。

(1) 透明性と協力

気候変動を起こす悪影響への対応を社会全体の課題ととらえ、様々な利害関係者の協力を求める。

短期的なドイツの対応策としては、まず具体策のプロセスに基づいて組織化し、連邦の重点的な協力分野と協力を深める。

(2) 知識に基づく柔軟な事前対策（予防策）

信頼性の高い情報は欠かせない。気候変動の状況はＩＰＣＣの報告を基礎としながら、ドイツ独自の地域情報に基づくものとする。各情報には不確定要素もある。しかしながら、複数のモデルが似たような結果を示している場合、変化の強さに関しては十分応用できる情報が得られる。本報告書に書かれている戦略には、人間環境と各経済分野において、どのような影響が起こるかについてのまとめが書かれている。

こういった知識により、細かい気候変動についての情報が得られ、より適切な対応策を可能とすることが戦略の重要な鍵となる。

したがって、対策としては包括的かつフレキシブルな考え方が重要である。

(3) 役割分担と妥当性

気候変動によるリスクとチャンスは各経済分野と地域において、異なった形で影響が現れる。したがって、必要な対応策は地域の特性に配慮しなければならないので、それぞれの行政レベルで決めた方がよい。つまり、自己責任を支えることが重要な方針である。連邦政府は単に、枠組みを示すとともに、ある程度の支援をする役割しか果たせない。

なお、対応策は費用に配慮しながら、リスクとチャンスを理想的に評価しながらとるべきである。最も望ましいのは、気候変動対策において、既に存在する組織との相乗効果を生かすことである。つまり、ばらばらなことをやらない方がよいということである。

各段階での計画および判断プロセスにおける不完全性（情報不足）を考慮すると、様々な選択肢において全体的な対応をしなやかに行う方法を優先すべきである。情報不足ということもあって、正しい判断は難しいが、何もしないでいると将来、多大な被害を受けることも考えられるので、そういう危機的な状況にならないような判断が必要ということである。

(4) 包括的な取り組み

気候変動とその結果は、すべての生活分野および経済分野、ならびに環境に、地域的、時間的に異なった形で影響が現れる。したがって、それぞれの間の利害関係者によって解釈の違い、または対策の必要性に食い違いで出てくる可能性がある。

例として、後で紹介する土地利用や水域利用に対する考え方がある。

また、ある分野での対策が別の分野では逆効果になるという可能性もある。このような利用または目的達成の必要性に関する重要性を判断しやすくするために、既に存在する他の政策目標との相乗効果を促進するために、各分野を含めた包括的取り組みを実施することが望ましい。

(5) 国際的な責務

地球レベルの問題に対して、発展途上国の対応能力は不十分である。したがって、気候変動に関する影響への対応は、国連など国際レベルでの重要なテーマである。また、地域開発、安全と環境政策の方向、ならびに民族移動政策において、このテーマはますます重要になる。

ドイツの対応策の中には、これまでのドイツの貢献も含まれる。

(6) 持続性

ドイツの対応策は、連邦政府の持続可能性に対する政策の中にあるものである。連邦政府の対応策と持続可能性への対策は、相互に補完するものである。

そのうえ、対応策は政府の生物多様性戦略の柱にもなっている。

◆気候変動への予測

(1) 世界的な変化

過去１００年間の測定データでわかるように、世界全体の気温は上昇傾向にある。

２０世紀初めから世界全体の年間の平均気温は０・７４℃上昇した。また、後半の５０年間の世界全体の平均気温は１０年間で０・１３℃上昇した。

１９５０年から観測されたこの上昇の主な部分は、ＩＰＣＣ（気候変動に関する政府間パネル）の報告書によれば高い確率（９０％以上）で人間活動によるものである。また、２００７年のＩＰＣＣの報告書によれば、２０世紀後半の北半球における平均気温は、過去５００年間の同じ５０年間の期間に比べて、比較的高い確率で高かったとされている。

山脈の氷河と積雪層は北半球と南半球で著しく減少する。

もう一つの例は、海水面の上昇である。海水面は２０世紀に世界全体で平均１７㎝（１２～２２㎝）上昇した。原因は海水の膨張および極氷が溶け出していることである。

(2) ドイツへの影響

１９世紀頃、中央ヨーロッパの平均気温は約０・５５℃低下した。しかし、２０世紀に入って大きな変化が現れ始めた。アルプス山脈の氷河は１９世紀（１８５０年頃）半ばまで現在より高かった。それ以降、だんだん沈んでいる。

１９１１年と２００２年の間にドイツの平均気温は０・５５℃上昇した。１９９０年から１９９９年までで最も暖かい１０年間があったこともあって、２１世紀の最後の６年間は平均気温も高かった。

気候の変化は１９１１年以来、西南で最も高かった。例えばザール州での平均気温は約１２℃上昇した。しかし、ドイツの北東での気温は、１９０１年からそれほど著しい上昇は見られない。例えば、メクレンブルク＝フォアポンメルン州の場合、約０・４℃しか上昇しなかった。

雨量においては、変化が見られる。

２０世紀に入ってから年間降雨量はドイツ全国で約９％上昇した。また、２０世紀当初の１０年間はむしろ乾燥していた。しかし、過去１５年間の中で、１１年間は比較的雨量が多かった。

３月から５月の春期の雨量は著しく増加した。特に３

月はこれまでの１０６年間の平均期間に比べて、平均的な雨量の増加率は３１％である。夏期においては著しいトレンドは現れていない。しかしながら、夏期の各月における雨量の分布には変化が見られた。最近少なくなった7、8月の雨量は平均化すると6月の雨量で補われている。

同じ期間において冬の雨量または降雪量も約２０％増加した。しかし、冬季においての変化はばらつきが多く、トレンドという意味では役立たない。また、雨量のトレンドにおいて、ドイツでは大きな差が現れている。例えば、平均の雨量の増加は西ドイツ地域で観測できるが、東ドイツ地域での冬季の増加は夏期の雨量の減少によって相殺されている。

風速においては、著しいトレンドがあるとは言えない。今までに開発されたグローバルな気候変動モデルではメッシュが大きすぎて、ドイツの地域ごとの予測には使えない。これからは、地域別のモデルを開発する必要がある。

気候変動モデルにはいくつかがあるが、それぞれのモデル自体が完全ではなく、ばらつきがある。しかし、情報の不完全性、不安定性、不確実性をどう判断すればいいのかの原則について、治水を例に説明する。

(1)　洪水時の対応策と浸透策

①まず、フレキシブルな適応制御システムによる対策が必要。

②洪水に関して、従来の洪水対策を改変し、それに合わせて予防対策、例えばピーク時には川幅を広げられるような面的な対策を考える。そのために、地域の河川の両側に洪水時のための余裕スペースを確保する。

③都市のアスファルト舗装については浸透性舗装を考え、各家庭の庭の石畳にも浸透性を持たせる。また、植栽を増加させることによって浸透性をさらに高める。

(2)　貯留施設の確保

夏期に乾燥し冬季に雨量が増加することで、季節的には雨量を緩和して湖や池に貯留する計画を進める。このような貯留面積を確保し浸透を促進させることによって地下水を涵養させることもできる。

◆具体的な影響

(1) 一般的な影響

何がどこで発生するかについては、一般的な気候変動に対する影響の傾向と時間枠が考えられる。

過去30年間で気候変動が起きて自然生態系に影響を与えたことがある。例えば、溶け出している氷河と、よりはやくなっている春の到来である。これらの現象はグローバルな気候変動が、より強くなったときに著しくなると考えられる。

こういった気候変動による影響については、いくつかのことが予想できる。

①連続的な変化による影響

例として植物の生育期や生物の周期が変化する。ある地域の鳥類がはやく卵を産んだり、地下水が復元されたりすることも考えられる。今までの冬の燃料使用量は減少する。これらの影響は、今すぐにではなく、ほとんどの対策の分野において、中期の段階で現れる。

②より頻度が高く深刻な現象

豪雨による鉄砲水、嵐、高潮（高波）、干ばつ、山火事、渇水など

(2) 気候のバリエーション

変化のパターンの多様化による農業、林業に与える影響への対策は困難である。このような気候変動の現象は自然界のみでなく、経済と社会にも影響を与える。地域的な違いは自然資源にも影響を与える。

例えば、水の供給量の変化、または生息地の細分化、それぞれの生命体の局地的な対応力を越えることは確実である。

また、地域によっては肯定的、否定的影響が現れる。例えば、長く続く干ばつの場合、収穫に被害を与えることがある。一方で、気候の変化によって新しい植物種を使うことも可能である。

ある分野、ツーリズムではドイツから外国旅行に出かける必要がなくなる可能性もある。例えば、イタリアに行かなくても、バルト海、北海で海水浴を楽しむことができるかもしれない。

より長く起こる変化は、直接的には気候変動の影響に結びつかないかも知れないが、他の影響も考えられる。人口の増加、居住地の変化、家屋の設計、自然界の様々な変化、社会的変化への影響である。

気候変動への対策は、他の社会における変化または相

互作用に配慮しながら進める必要がある。

◆健康への影響

気候変動は、人間の健康に様々な影響を与えている。天気や気候変動と人間の健康との関係については、伝染病および極端な天気の変化による被害の増加が考えられる。

伝染病では、既にドイツに存在する病原菌が、気温の上昇がもたらす温和な気候によって拡大することが懸念される。かつ、現段階でドイツに存在しない病原菌や、人間と動物によって運ばれてきた病原菌は、気温が上昇した環境中で移動する恐れがある。

考えられるのは、アジアに感染症をもたらしている「タイガー蚊」のような、熱帯にしか生息しない蚊の蔓延である。上昇する気温によって食品の安全性、保存性への影響、サルモネラ菌による伝染性等の疾病の増加、気候がさらに上昇する場合にもたらされる胃腸病の増加の可能性等もある。

このような問題に対応するには各官庁と研究機関の協力が欠かせない。連邦と州で、必要なレベルの情報を通じて分析し、早い段階で因果関係、リスクを解明し、対策をとる必要がある。

この分野に対するノウハウは、別の意味で新しい市場を生む可能性もある。例えば、もともと熱帯にしかなかった病気がどのようにドイツに伝搬するかに関する調査、病原菌の生物学的可能性、病原菌の特定と生息力の調査を行う必要がある。適切な手段とワクチンを開発することも必要になる。

従来の健康に関するシステムを見直して、新しい病原菌を見つけ出し、経路を把握する必要もある。また、病気の発生を早目に把握する方法を考える必要もある。人間、動物において、病気の発生率が気候変動に依存する関連性を系統的に調べる必要もある。

新しい病原菌による病気を予防する国際レベルの協力も必要である。そうした取り組みによって新しい診断、分析方法を開発しなければならない。新しい病原菌のドイツへの移動については、新しいワクチン、接種方法の開発、食料を通して発生する伝染病の変化と可能性を調べることも必要である。

その他の健康への影響としては、極端な環境の変化、例えば、鉄砲水、洪水、嵐、雪崩、土砂崩れによる被害は死をもたらす可能性がある。実際の例として２００３

年の猛暑では、ドイツだけで約7000人が心筋梗塞、循環系の病気、腎臓機能の低下、および呼吸器官や新陳代謝の異常によって死亡した。また、これらの極端な現象によって影響を受ける地域では、心身症と身体的な原因のみによる病気も発生した。

バルト海の海岸と内陸の湖では、富栄養化によって海藻が繁殖し、その影響によって様々な毒性物質が発生する。このことによって、各水圏の水質に悪影響をもたらす可能性がある。また、このように悪化した水に人間が接触することによって、皮膚病、胃腸病、肝臓病になることもある。アレルギーの増加も考えられる。

気候変動については、連邦政府が各州の機関と連携して様々な対策に取り組んでいるところである。さらなる影響として、次の3つのことを考えておく必要がある。

①今後、夏期に、より高気圧の状態が現れることによって、地表オゾンが増加する。地表オゾンによって呼吸器官に悪影響を与えることが予想される。
②より強い日射によって、皮膚ガンのリスクが高まる。
③人間の癒しに必要なエコシステム（森林など）が変化することによって、さらに人間の健康に与える悪影響が懸念される。

気候変動によって特に被害が現れる対象は、子供、高齢者である。病気で悩んでいる人の場合は、さらにいくつかの影響要因に配慮する必要がある。

生活、住居、環境の状況、または健康の自己管理については、現在のところ十分なデータがないため、具体策を提案することは困難である。したがって、現段階では国民に対してリスクにより敏感になるような情報提供が必要である。

表5·1　気候変動への対策（健康分野）

項目	具体的事項
情報提供	気候変動に関する情報を市民，および医療関係者に提供する。 医療を提供する側と受ける側の双方に，より迅速に情報提供することによって，早い段階で被害に対応できるようにする。
予知システム	気候変動による影響を予知する情報提供のためのシステムを構築する。 （迅速な情報伝達するための組織，ネットワーク，役割分担，伝達経路の整備が必要）
緊急性	医学の研究開発を促進し，伝染病が発生した場合に、モニタリングにより被害の蔓延を抑制する。
予防接種	病原菌の拡大を抑制する。

なお、健康分野に関する気候変動への具体的対策は表**５・１**に示すとおりである。

◆対　策

（1）予防対策と他の分野との連携

予防対策と密接に関係があるのが、建築・建設と都市計画である。適切な対策や設計によって、ヒートアイランド現象や熱ストレスを緩和することが課題となる。特に都心部では、新鮮な空気を供給する「風の道」を都市計画に導入する必要がある。さらに、公共施設（病院、介護施設など）、個人の住宅の分野では、断熱材を十分に取り入れることが必要である。これまでのように暖房機能としてのみではなく、冷房技術を生かすためにも断熱材を積極的に使うことによって、健康管理することができるからである。

極端な現象（嵐、洪水など）は、特に市民の適切な行動、都市計画における設計、自治体によるインフラの整備などによる危機管理により、リスクを削減することができる。

（2）建築・土木施設（インフラ）

気候変動に関する研究者が特に影響を懸念しているのは、土木施設（インフラ）である。特に夏の長期にわたる猛暑、冬に発生する鉄砲水（１１月～１２月）による影響である。ヨーロッパでは西からの風により、大西洋、北海の大量の水が流れ込んで来る。これから、より強くなる嵐によって排水施設など土木施設への被害が多くなることが予想される。

現段階では、より湿度の高い冬と、より日射の長くなる夏の変化のような現象が明確に予想されているわけではない。しかし、対策をとることを見逃してはならない。気候変動による変化は、地域によって異なる。人口密度の高い地域では、気候変動の影響は土地の局地的な影響と相まって、相乗的で複雑な影響を及ぼすようになる。

都市中心部の気候は、郊外と比べて日射の期間は少なくなるが、気温が高くなり、湿度はより少なくなる。雲の割合が多くなると、風力の平均速度は緩やかなものになるが、暴風現象が多くなる。その結果、都心の年間総降雨量は増加する。

このような都心部の気候による影響は、現在受けている悪影響をさらに深刻なものとする。これから極端な天候の変化による被害として注意すべきなのは、土砂くずれである。斜面のない地域でも、粘土のような地盤のところは住居が傾く危険性がある。

そういった予想される影響に合わせて、計画を改善する必要がある。特に、これから必要となるのは、冷房技術、日射時間の長さに伴う日陰場所の増設、換気技術の開発、適切な建材の開発などである。新築住宅ではこれからの変化を予想した対処が可能であるが、既にある住宅では改善措置の必要性が高まる。

国の指定文化財では、石炭鉱山のあったような場所において、地盤沈下により傾くなどの被害も予想されている。

(3) 水管理

水管理については、長期的または極端な現象によって現れる影響が懸念される。長期的影響としては、地下水のレベルへの変化と、山脈からの水系（ライン川、ドナウ川）の水質の変化となって現れる。極端な影響としては、洪水、干ばつ、暴風による高波が考えられる。

また、気候変動による影響として、地域別の水供給への影響が考えられる。様々な現象との組み合わせが予想できるが、具体的な対策の策定や権利は州にある。

これまでの調査報告書によれば、水管理への気候変動の影響は以下のとおりである。

①より極端な鉄砲水によって、洪水が多くなる。また、暴風雨による高波の頻度と強さが増す可能性がある。

②より暖かい冬によって、全降水量における雪の割合が少なくなる。しかし、一時的に水が積雪として保存され、その期間が短縮されることになるので、それらが一気に流出することもある。したがって、冬の洪水の危険性が高まる。

③夏の干ばつの期間が長期化することによって、雨量が少なくなる。一方で、冷却水の使用が増えるため、生態系全体に及ぼす影響が変化する。

④さらに、雪がより早く溶けることによって、ライン川またはドナウ川で、夏に発生する渇水を緩和することが困難になる。

風と降雨現象の変化による浸食に伴って影響を受けることが予想されるのは肥料、農薬である。それらが地下水に流入する可能性がある。洪水によって水質が悪化する可能性もあるので、鉄砲水による居住地の下水、配水管の処理能力を高める必要がある。

また、ドイツでは概して日本のように急峻な地形ではない。河川の流れが遅く、局地的に流れが停滞するようなところで、病原菌が増加する恐れがある。

水域の温度の上昇によって、特に夏場には酸素濃度が低くなるため、魚類や植物のストレスが強くなる。また、飲料水の水源として使われている湖やダムの場合、自浄能力が減少するため、飲料水の水質が低下する可能性がある。

ドイツの場合、飲料水の水源のほとんどは地下水である。したがって、気候変動による飲料水に関する悪影響は、それほど心配されていない。しかし、干ばつが長引くと例外が考えられる。河川と湖における渇水によって、望ましくない物質の濃度が高くなることが予想され、これらの物質はエコシステムに負担をかける。

夏に発生する干ばつの期間が長引く頻度が高まれば、現在沼地であるような地帯が、乾燥地と化す可能性がある。こういう地帯は、鉄砲水の時にスポンジのような働きをするので、乾燥によって悪影響を及ぼす危険性が高まる。

(4) 土　地

土地の対応力に関しては、気候変動による影響に特に注目しなければならない。変化に合わせて、地域に適する植物を選択する必要もある。気候変動は土壌中の生態系に影響を与え、土地の性質と機能そのものに影響を与えるからである。

気候変動は栄養分と水の流出にも影響を与え、土壌中の物質の循環、堆肥の生産、炭素の一時的な保管と放出および浸食に影響を与えている。悪影響を避けるためには、地域に合わせた土地利用に関する戦略的対策を練る必要がある。

気候変動による土壌システムへの影響によって、自然の生産システム、水の循環(質的、量的)および動植物の種類と量が変化する。したがって、現在の予防対策は、特に浸食を削減または被害を最小限にすることと、生態系を保全するための土壌の能力を維持することを目的としている。

土地の機能を維持するために、特に農業と林業における対策の連携が必要である。また、水の管理、自然保護、地域開発とを合わせて考えることも必要である。

現在、最も重要となっているのは、気候変動による影響を具体的に測定、公開することである。そのために、従来のモニタリング活動を拡大する必要がある。利害関係者との間で達成すべき目標との食い違い、必要性の考え方を調和させるため、連邦政府と州は委員会を設置し、速やかに合意案を出すように努力する必要がある。

(5) 自然保護と動植物の多様性

気候変動による動植物の多様性への影響として、既に数多くの例があげられている。

これらの影響が特に種の分布、繁殖、ある生息地間のシステムの構成に影響を与えている。気候変動は動植物によって異なった影響を与えているので、生息地によっては新しい動植物の組み合わせが現れているところもある。それによって、食物連鎖の構成や影響にも変化が起こる。

現在の推測によれば、気候変動によって十数年先に動植物の3割は絶滅するとされている。また、人間活動によってある地域に持ち込まれた外来種が増加し、新しい生態系のバランスが構築されるようになる。特に、山脈地帯と海岸線での動植物に悪影響が現れる可能性が高い。

また、湖と沼のような局地的に限定されたところでしか生きられないような動物種への影響も激しい。なぜなら、そこを生息地とする動植物は、気候変動が起きた時に移動することができないからである。

気候変動によって現在の土地利用を見直す必要がある。というのは、様々な対応策を実施するために必要な土地の面積を増やさなければならないからである。

自然保護対策、または目標を達成するために必要な土地の面積は、再生資源としてのバイオマスの栽培や、海岸線での防波堤の建設に必要な土地と競合する。

このような場合、連邦政府と州のレベルで、動植物種の多様性に関する国家戦略を考慮して調整する必要がある。つまり、何を優先的課題とするかを決める必要がある。

(6) 農　業

農業は天気と気候に直接依存する。気候変動において農業は、様々な異なった影響を受ける可能性がある。現在、気候変動による影響によって、地域の差が拡大することはわかっている。現在の状態で農業に向いている地域は、徐々に高くなる気温によって拡大することが考えられる。

一方で、既に暖かい地域、乾燥している地域では、気候変動によって危機的影響を受ける。

基本的に、より高くなるCO_2濃度は、植物の成長と品質の両面で、よい影響を与える可能性もある。しかし、CO_2の栄養的な効果には限界がある。その限界は水不足によって、強い影響を受けると予想される。また、極端な天候現象によって、収穫が不安定になる。特に高温による熱、寒さ、乾燥、湿度の高さによるストレスは収穫に著しい影響を与える。

したがって、春期の乾燥は、夏の暑さより深刻な影響をもたらす可能性がある。また、より頻繁に起こることが予想される鉄砲水と雹(ひょう)による被害は、果樹栽培に影響を与える。植物は急激な冬の寒さに対応することができない。

家畜の場合、夏の高い気温は食欲を減退させ、生産能力に影響を与える。酪農においては、乳牛は気温が20~25℃で生産能力が低下する。気候変動による病原菌による悪影響もある。

植物種を改善するために、気候変動への対応力を高めるための栄養分を効率よくとるように品種改良する場合には、現在の自然の生産能力と様々な栽培植物の遺伝子のポテンシャルを生かすべきである。

また、再生可能資源の栽培によって、従来の動植物を増やし、輪作をより促進する必要がある。

(7) 林業

樹木の種類の自然分布は、場所、気候、土、水など様々な要因に依存する。森林は過去、人間の活動によって変えられ、自然界が生み出した構造が大きく変化した。

にもかかわらず、森林というエコシステムは、連続的に環境変化に適応してきた。しかし、現在の気候変動の大きさ、方向、速度は、森林の対応力の過剰な負担になっている。高温化、干ばつの期間の長さは、森林にストレスを与えている。

特に、危険にさらされているのは、もともと乾燥している暖かい東ドイツと西南部の地域である。さらに、森林火災の危険性も高まる。また、昆虫がストレスを受けることによって、被害をもたらす機会も増える。ある害虫の爆発的な増加によって、今までに無視されてきた地域がクローズアップされるようになることもある。

特に気候変動によって影響を受ける可能性があるのは、アルプス山脈の森林である。この地域での影響は、平野に比べてより深刻となることが予想される。また、自然現象（鉄砲水、崖崩れ、洪水、落石）の可能性も著しく増加する。

したがって、これから、森林地帯のインフラを保護する役割が強まることが予想される。

木材市場への影響を制限するとともに、森林機能そのものの役割を維持するためには、気候変動に対応できるような森林にしていく必要がある。したがって、森林の所有者は、従来の混交林を実現すべきである。

しかし、森林にとって温暖化は、様々な気候変化の一つでしかない。多くの森林は公害によって、特に大気圏での窒素濃度の影響を受けて健康状態が悪い。この現象は、１９７０年代から「新しい森林の被害」という名称で知られている。

(8) 漁　業

北海とバルト海の海岸線には、漁業にとっての特別な地域がある。漁業において、魚を加工する中小企業が経済力の弱い海岸地域において、重要な役割を果たしている。漁業はもともと副業的に重要な経済基盤になり、地域経済を支えている。

例えば、ツーリズムに合わせて、北海とバルト海では気候変動が中期、長期的にエコシステムとプロセスに影響を与えている。既に始まっている物質的な影響（海水浴の場、海流の変化、海水の酸性化）は、現在、経済的に使われている魚の種類の繁殖、成長、死亡率に影響を与える。

また、最近、冷たい冬が少なくなった結果、現地の魚の種類に加えて、南の海域の魚が北海にまで移動し、次第に増加している。典型的なのはニシイワシ（ヨーロッパマイワシ）、アンチョビなどである。

また、プランクトンにも新しい種類が現れてきた。これらの種類は、船舶によって持ち込まれている。このような変化によって、現在、北海とバルト海にある魚の種類に、生息地と栄養源の影響が現れているが、現時点ではまだ評価できない。

(9) エネルギー

気候変動によって、ドイツのエネルギー産業にも影響が現れる可能性がある。気候の変化によって燃料エネルギーの需要は、ある程度減少する可能性もある。逆に冷房のために使用するエネルギーが増加する。

極端な気候現象（例えば、嵐、干ばつ、洪水、渇水など）によって、エネルギー生産設備に被害を受ける確率が高くなる可能性がある。その結果、エネルギー供給、価格などに様々な悪影響が現れることが予想される。電力と熱供給以外に、エネルギー媒体の調達、送電、分配においても変化が起こる可能性がある。例えば、石炭、天然ガス、原子力発電の場合、重要な要因は冷却水の安定的な供給である。

したがって、このような発電所は夏期に渇水、あるいは現在より高い水温によって、影響を受けることが考えられる。地下水を冷却水として使っている発電所は、長期にわたる干ばつの時期に、水位の低下に悩むことも予想される。

こうしたことが増加する可能性があるので、電力会社は従来より多く、河川水を冷却水として使って発電能力を制御する措置をとることになる。

対策として、冷却水としての役割を果たした後の水を河川に放流する場合、現在の基準値を見直す必要がある。例えば、極端な猛暑に見舞われた２００３年夏には、放流水の基準水温を２８～３０℃まで上げた例もある。しかし、このような対策によって、生態系にかなり大きな被害が起こる可能性もある。

猛暑の時期に入ると、供給電力が最も増加するので、対策として従来の建物に断熱材を使って、室内の温度を上昇しにくくする設計が必要になる。しかし、すべての建物に断熱材対策をとることは難しいので、夏期には電力使用量が増加することが避けられない。実際に、２００３年の猛暑の時期には、冷房用の電力需要量が急増した。

気候変動が起こると、従来の火力発電所に必要なエネルギー媒体を供給することが難しくなる。燃料（石炭）を船舶によって輸送しているので、河川の水量が夏期に著しく減少すると、輸送量を減らさざるを得なくなる。さらに、極端な気象の変化によって送電網への被害が増えることも考えられる。

一方、気候変動によって再生可能エネルギーの設備への生産能力と安全性に、悪影響を及ぼす可能性がある。

特にバイオマス発電所の場合、かなり深刻な影響が起こりうる。１箇所の発電所と違ってバイオ燃料の場合、土壌環境を保持することは難しい。このことは、州レベルで再生可能エネルギーに関する計画を立てる時に考慮する必要がある。

また、雨量の変化は水力発電所にも影響を与えている。太陽光発電所、風力発電所等においては、暴風、竜巻のような現象による破壊力が、より強くなることが予想されるので、設計の段階で適切な措置をとる必要がある。

しかしながら、スマートグリッドにより局地的な小規模の送電システムの構築を実現した場合、電力の供給はより安定可能になる。このようなことは、特に極端な現象が発生する場合に有利であることから、電力会社は、ある程度、対策をとることが必要である。

(10)　金融経済

金融経済は、グローバル市場で活性化している。損害保険業界は、局地的だけではなく、グローバルな気候変動による影響を受ける可能性がある。さらに、この業界は、気候変動に対する社会の反応に対応できるようにする必要がある。

政治と社会の反応は、経済環境と経済力との距離および、経済に関する規制を変えることによって、保険業界にリスクと同時に、新たなチャンスをもたらす。グローバル社会から見れば、過去１０年間のマクロ経済的な自然現象による被害がかなり増加した結果、損害補償しなければならないケースが増加した。

これに関連して、支払いによる損害の強さ、頻度および補償の高さを考慮する必要がある。また、現象そのものがどこに発生するか、または現象を受ける設備のどれだけが被害を受けやすいかを考慮する必要がある。例えば、「被害の年」である２００５年の自然現象による被害は２１００億ユーロであったが、補償された被害は９６０億ユーロであった。

被害の増加に関して、一つの要因は人口の増加である。特に、大都会または海岸線付近の人口増加である。もう一つの要因は、補償額の増加そのものである。しかし、ドイツの大手保険会社の報告によれば、この2つの要因は、過去５０年間で3倍に増えた被害の原因を説明する十分な説明にはならない。

長期にわたる投資を行っている機関（年金ファンドなど）は、建設地の安全性など、これからのインフラプロジェクト、発電所の建設に関するリスクを新たに評価しなければならない。リスク評価に関しては、新たな総合モデルを開発する必要がある。補償には限界があり、ある地域では補償が不可能になる可能性もある。

もしも保険会社など金融業界があるリスクを負うこと

ができなくなった場合、連邦政府が負担することも考えられる。そのために、新しい契約内容や保険のモデルを考える必要がある。

(11) 交　通

極端な気象現象(雪、氷、霧、雹、猛暑、嵐、鉄砲水、洪水、渇水など)は、交通機関(空、道路、線路、河川)に被害を与える可能性がある。特に極端な豪雨は道路での視界を妨げ、スリップしやすくなる。土砂くずれ、浸食によって、通行が不可能になることもある。

嵐によって街路樹や枝が道路に落ちたり、電線が垂れ下がったりすることによって、通行できなくなることもある。夏期の猛暑によって、運転手の集中力が低下し事故の発生率を増加させることも考えられる。

長く続く猛暑によって、道路のインフラに被害が現れることもある。表面温度の上昇によって、重い車両が通過した時に道路がへこんで被害につながることもある。

従来のような雨量対策として、道路の両面にある排水システムを改善する必要もある。しかし、冬の場合は気候変動によって平均気温が高くなるので、道路や橋での凍結による被害は少なくなることが予想される。また、雪および道路の凍結による交通事故の確率が少なくなる可能性もある。

様々な現象に関しては、相互関係を真剣に継続的に観察する必要がある。対策として、連邦レベルで適切な法令を出すことも考えられる。

(12) 線　路

気候変動による嵐の発生頻度が増加することによって、送電システム、信号が被害を受ける機会が増える。線路沿いの樹木も倒れる可能性があるので、適切な対応をとる必要がある。しかし、街路樹と違って、(ドイツの場合)個人の土地に植えられていることもあるので、法律上の問題がある。

また、電車や線路は洪水や渇水の期間に道路と同じ程度の被害を起こす可能性がある。このようなことから、これから適切な措置をとるための研究が必要になる。

さらに、両側の草の斜面で火事が発生する可能性が高くなる。森の中に線路が通っている場合、山火事から影響を受ける可能性もある。それらに対する研究など、今後の対策を考える必要がある。

（13）航空機関

あまり深刻な影響は考えられていない。

（14）船舶（海運）

気候変動による大気、水の流れが港湾に及ぼす変化、雨量レベル、風力、風向、またはうねりによって海運に対する様々な悪影響が考えられる。特に予想されている水面上昇によって、港湾関連の施設は影響を受ける。また、海面上昇によって海水の流れが変化し、海岸線における浸食が増加する可能性がある。

流れによって、船舶が通るルートの海底が浅くなる可能性もある。しかし、海運に関しては、気候変動によって全く新しいルートが生まれる可能性もある。新しいルートの効率的利用に関しては、他の国と協力する必要がある。

（15）商　業

イノベーション力を持っている企業にとって、気候変動への対応は新しいチャンスを生み出す。例えば、ドイツでは１９８０年代に、各産業分野で水の使用量を節約するプロセスが開発され、実施された。このようにして、もともと水を冷却水として大量に消費してきた化学工業、パルプ工業および繊維業界では、水への依存関係を弱めている。

特に干ばつが多い地域では、新しいイノベーション力によって新しいチャンスを生み出すトレンドが将来、さらに重要になる。室外温度の変化はエネルギーバランスに影響を与え、今までの熱あるいは廃熱を利用している企業に影響を与えている。

多くの企業がこのような変化に対応するため、研究開発、インフラ対策等を行うことを予定している。気候変動は世界各地域で発生する現象なので、国内のみならず外国においても環境技術の市場が生まれている。単に環境技術そのものを輸出するのではなく、国際協力によって技術を生かすことが望ましい。この分野において、ドイツの企業は実績を持っている。典型的な例は、水の工場内循環制御システム、有価物の再資源化である。

建築・建設業界においては断熱材の新素材の開発によってビジネスチャンスが生まれる。しかし、気候変動にはチャンスのみでなく、リスクも含まれている。極端な気象現象である、干ばつ、嵐、竜巻、鉄砲水のような現象は、企業の生産設備の運営に直接、影響を与えている。

　また、このような現象は直接的な企業のみでなく、上流と下流の企業にも影響を与え、間接的な被害の原因になる。極端な現象は従業員だけでなく、環境にとってもリスクがある。特に、危険物質が大量に保管されている倉庫や、それらが使用されている産業施設で洪水被害を防止するには、より厳しい安全対策をとる必要性が高まる。

　したがって、将来の安全管理システムや、可能な様々な気象現象において、確実に安全性を確認し、改善する必要性が高まる。様々な気候変動によって原材料の供給は完成品の販売ルートに影響を与え、生産活動を一時的に中止することも予想されるので、特に長距離輸送プロセスが必要な場合は、従来のジャスト・イン・タイムの方針を見直す必要がある。

　さらに、様々な気象現象は、農産物の安全な収穫に影響を与える。このような変化は、再生資源を処理する企業に課題を与えることになる。なぜなら、ある特定の地域への依存度を分散させ、より供給を増加させる必要があるからである。

(16) 観　光

国連の機関ＵＮＷＴＯ（World Tourism Organization：世界観光機関）によると、気候変動によって世界全体の観光活動が変化する。考えられることの一つは、観光地の状況が現在とは変化することである。つまり、観光地そのものの状態が危機にさらされ、かつ観光客が行き先を大きく変更する可能性がある。

　このような大きな変化が起こった場合、現在の観光地への経済面、社会面に与える影響が大きい。例えば、宿泊施設、交通機関および社会的構造にかなりの影響を受けることが予想される。直接的な観光インフラが受ける影響以外に、大雨、雹（ひょう）、竜巻など極端な気候変動によって、その地域に移動しようと計画していた人の行動に影響を与えるからである。

　こういった極端な気候変動による影響によって、宿泊施設や交通機関への全般的な流れが変わるので、自己資本、売上も大きな打撃を受けることになる。こうしたことからも、経済面において、従来の保証制度、支援制度で十分なのかを見直す必要がある。

　特に大きな影響を受けるのが、冬季スポーツ施設である。アルプス山脈のふもとから中腹、ドイツ中心部にある山々では、過去5年間で積雪量が著しく減ったことがわかっている。将来はアルプス山脈の１５００ｍ以上のところ、またはドイツ中心部の山々の８００～１０００ｍ以上のところでなければ、冬季スポーツ活動が不可能となるかもしれない。

逆に、もう少し低いところでは人工スキー場を従来どおりつくることができなくなる。このような傾向があるので、スキーツーリズムはアルプス山脈の高いところ、ゲレンデなどに集中する可能性があり、自然保護の観点からは好ましくない。したがって、代替ルート、異なる場所、他の娯楽方法、文化的旅行（歴史的価値のある観光地への旅行など）、フィットネス機会の増大など、観光の全体像を再構築する必要がある。

アルプス山脈のみでなく、海岸線にも様々な影響が現れることが予想されている。しかしながら、変化した気候によって、観光ビジネスに新しい機会、可能性が生まれることも考えられる。

例えば、シーズン以外の時期に現在の観光客が南部の地域から、より北部の地域に移動する流れができることが考えられる。現在、多くのドイツ人は夏休みに地中海に旅行する。北ヨーロッパから南ヨーロッパに移動する到着回数は1億１６００万回で、世界で最も重要な観光活動の地域となっている。これは、ヨーロッパ地域内の観光ビジネスの約４１％に当たる。

南ヨーロッパの繁忙期では、気温が４０℃以上になる頻度が増加しているので、観光客に対する熱ストレスが増えている。したがって、特に高齢者と子供にとって深刻な影響があることは確かである。しかし、ドイツでは、夏期の雨量の減少と平均気温の上昇によって、観光ビジネスが繁栄する可能性が高くなる。

例えば、ポツダム市の気候変動研究所の報告によれば、これからドイツでは観光地としての魅力が高くなると予想されている。今後、観光客は２５～３０％程度増加すると考えられている。

しかし、ドイツにおいても、ある地域での夏期における気温上昇が、観光ビジネスに悪影響を与えることも見逃してはならない。

2 日本の先導的な取り組み（神戸市の事例）

神戸市では１９９６年3月に「神戸市環境保全基本計画」を策定し、環境への負荷の少ない持続的に発展できる環境保全型の社会実現に向けて、各種施策などが積極的に推進されてきた。その後、環境問題を巡る状況の変化や国の環境基本計画の見直し（２０００年１２月）などの動向に対応するため、２０１０年を目標年次とする「新・神戸市環境基本計画」が２００２年3月に策定された。

国の取り組みとしては、２００７年6月に閣議決定された「２１世紀環境立国戦略」において、「低炭素社会」、「循環型社会」、「自然共生社会」づくりにかかわる新たな概念が提示された。また、２００８年5月にG8環境大臣会合が神戸で開催され、その成果として「神戸イニシアティブ」、「神戸3R行動計画」、「神戸・生物多様性のための行動の呼びかけ」が支持・合意され、国際的な方向性が出された。

さらに、２００９年4月には「緑の経済と社会の変革」（日本版グリーン・ニューディール）が公表され、低炭素革命というコンセプトのもと、環境問題の解決を図るとともに、環境対策を通じた景気回復・雇用創出を実現する方向性が示された。

これらのことを背景として、２０１１年には神戸市環境基本計画の改訂[2]が行われる。改訂の視点は**図5・1**に示すとおりである。

本計画は、２０２０年を目標年度とするものである。望ましい環境像を実現するために、**図5・2**に示す5つの基本方針に基づき取り組みを推進しようというものである。

ここでは、基本方針のうち、「低炭素社会」、「循環型社会」、「自然共生社会」の実現に向けてのリーディングプロジェクトである先導的な取り組みについて紹介する。

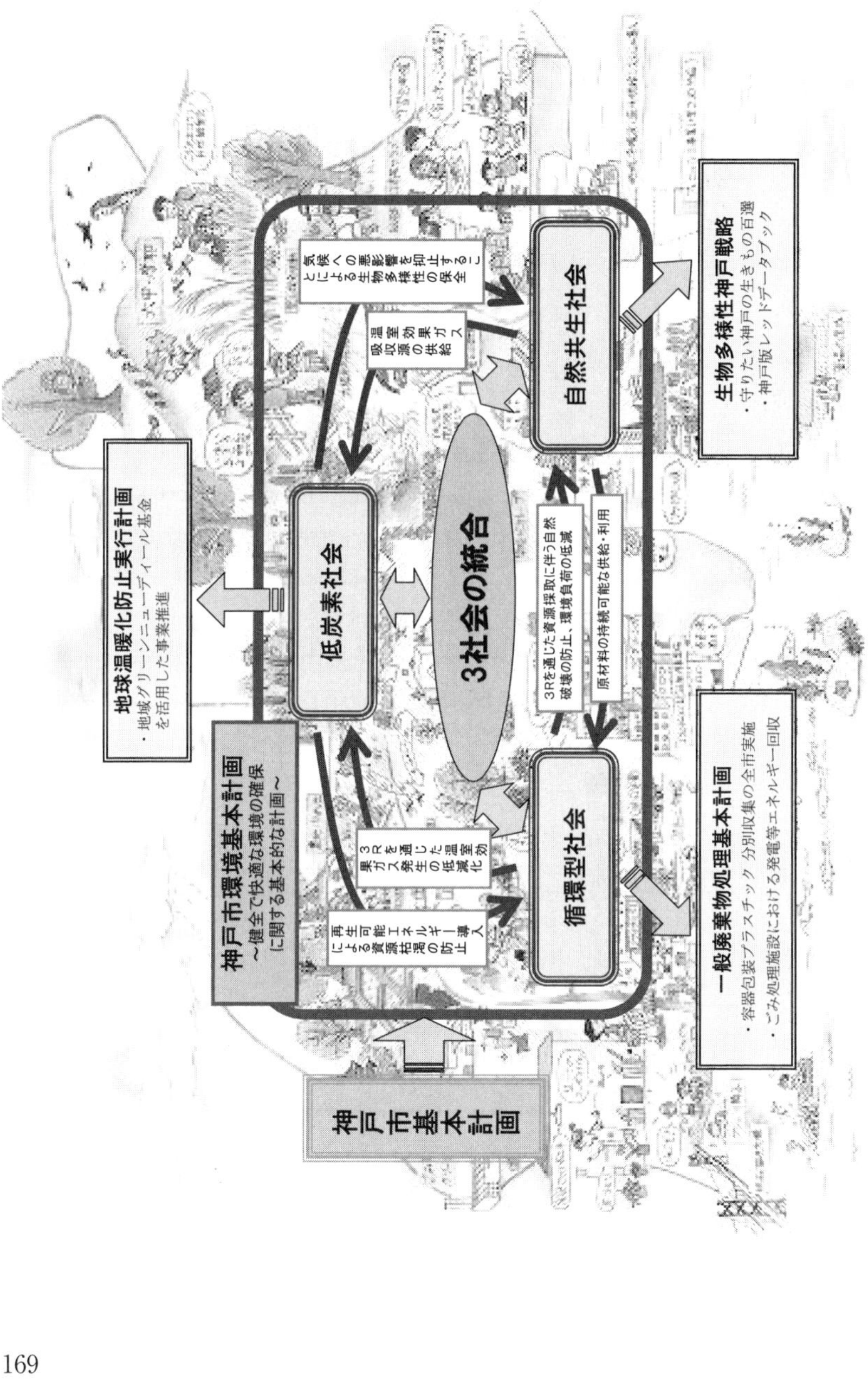

図５・１　神戸市環境基本計画改訂の視点[2]

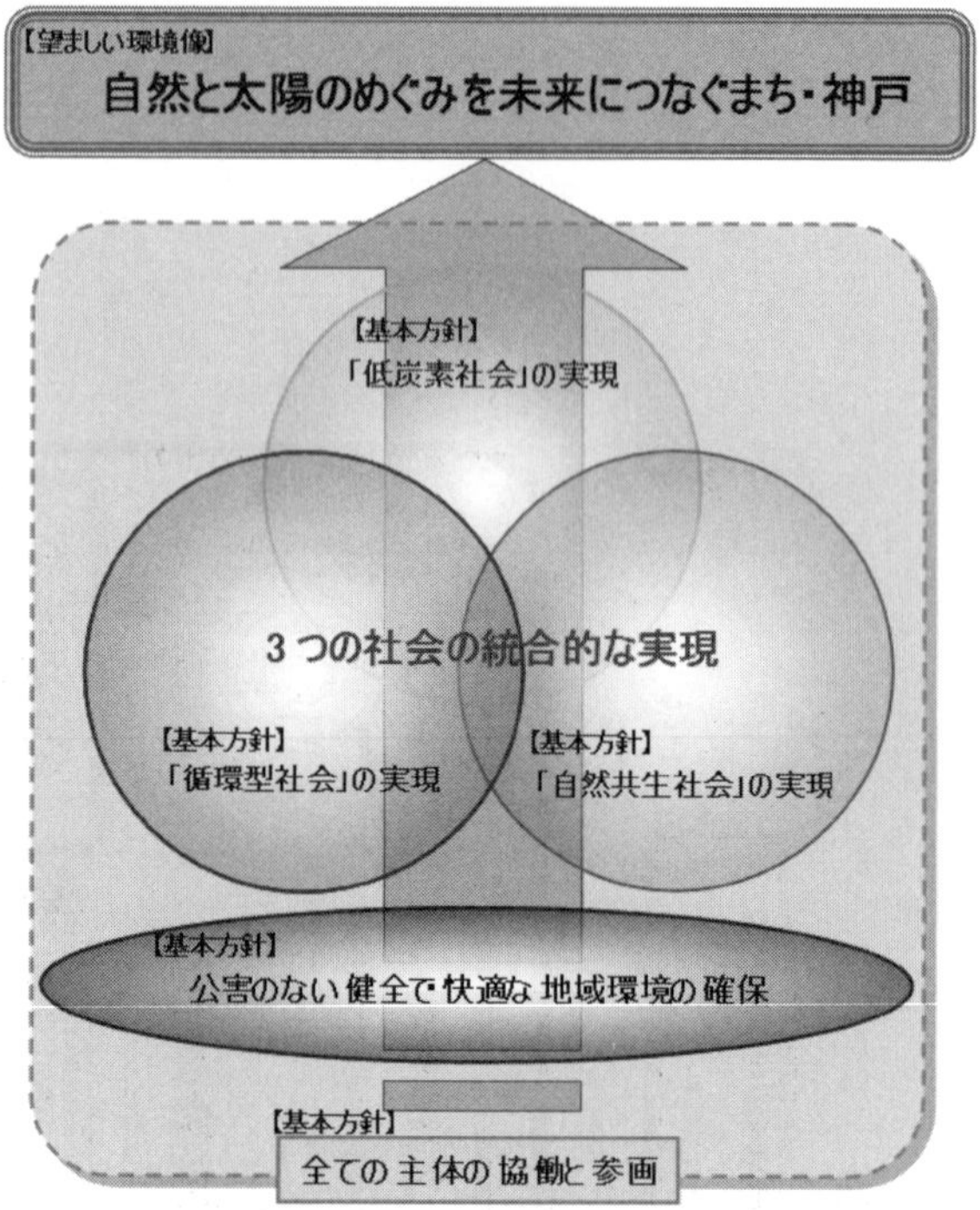

図5・2　望ましい神戸の環境像と基本方針[2]

◆先導的な取り組みの視点

先導的な取り組みを考えるうえでの視点は、以下のとおりである。

■神戸らしさを活かした取り組みとすること

・緑が多く自然に恵まれている
・都市（市域）の中心に六甲山のような緑地を有する
・多様な顔を持つ（市街地、港、海上都市、ニュータウン、田園、温泉）
・都市がコンパクトにまとまっている
・港湾に面した市街地において、工場と住宅が隣接している
・公共交通利用率が高い
・港まちとして発展してきた
・農漁業が盛んである
・大学が多い
・住民活動（エコタウンなど）が盛んであるなど

■地域特性を活かした取り組みとすること

「まちのゾーン（既成の市街地を中心）」、「田園のゾーン（農地、里山、集落等）」、「みどりのゾーン（六甲山系、帝釈・丹生山系など）」それぞれの地域の特性を活かした取り組みを検討する。

■革新的・先進的な技術を活かした取り組みとすること

特に「低炭素社会」については企業等において革新

的・先進的な技術の開発・実施が着実に進行している状況にあるので、これらの進んだ技術を活かした取り組みを検討する。

先導的な取り組み例は図5・3に示すとおりである。

◆先導的な取り組みの特徴

取り組みの特徴は、図5・3からもわかるように、それぞれのゾーンにおける地域特性を活かした対策が計画されていることである。実施期間も短期、中期、長期に分けられ、実現までのプロセスが具体的に考えられている。

例えば、既成市街地を中心とした人口が密集する「まちのゾーン」では、こうべバイオガス事業のさらなる展開、低炭素街づくりモデル地区の形成などが考えられている。また、「緑のカーテンプロジェクト」の全市展開が計画されていることも、既成市街地を中心とするゾーンでは有効な対策として期待できる。

「田園のゾーン」では、現在でも農地、里山、集落等がこの地域の多くを占め、既成市街地とは異なる自然豊かな条件にある。こうした自然に恵まれた特性を活かして、生物多様性に配慮した環境保全型農業と地産地消の推進が考えられている。また、都心部へのアクセスが低炭素社会づくりに影響を与えることから、低炭素社会の実現に向けた交通環境の形成が有効な対策と期待できる。

「みどりのゾーン」では、神戸市の自然を代表する六甲山を保全するとともに、そこにある資源を有効活用して低炭素社会、循環型社会の実現を図る具体策が考えられている。例えば、六甲山の保全を目的とした取り組みでは、六甲山における市民・事業者等と協働した森林管理の推進や、低炭素社会、循環型社会の実現のためには、木質バイオマス（ペレットストーブなど）によるエネルギーの供給、急斜面を活用した小水力発電の導入などが検討されている。

◆具体的な取り組み

主な取り組みの具体的内容は以下のとおりである。

(1)「緑のカーテンプロジェクト」の全市展開

エアコンの需要が高まる夏期に、ゴーヤやヘチマなどのつる性植物を窓側に繁茂させることによって日陰をつ

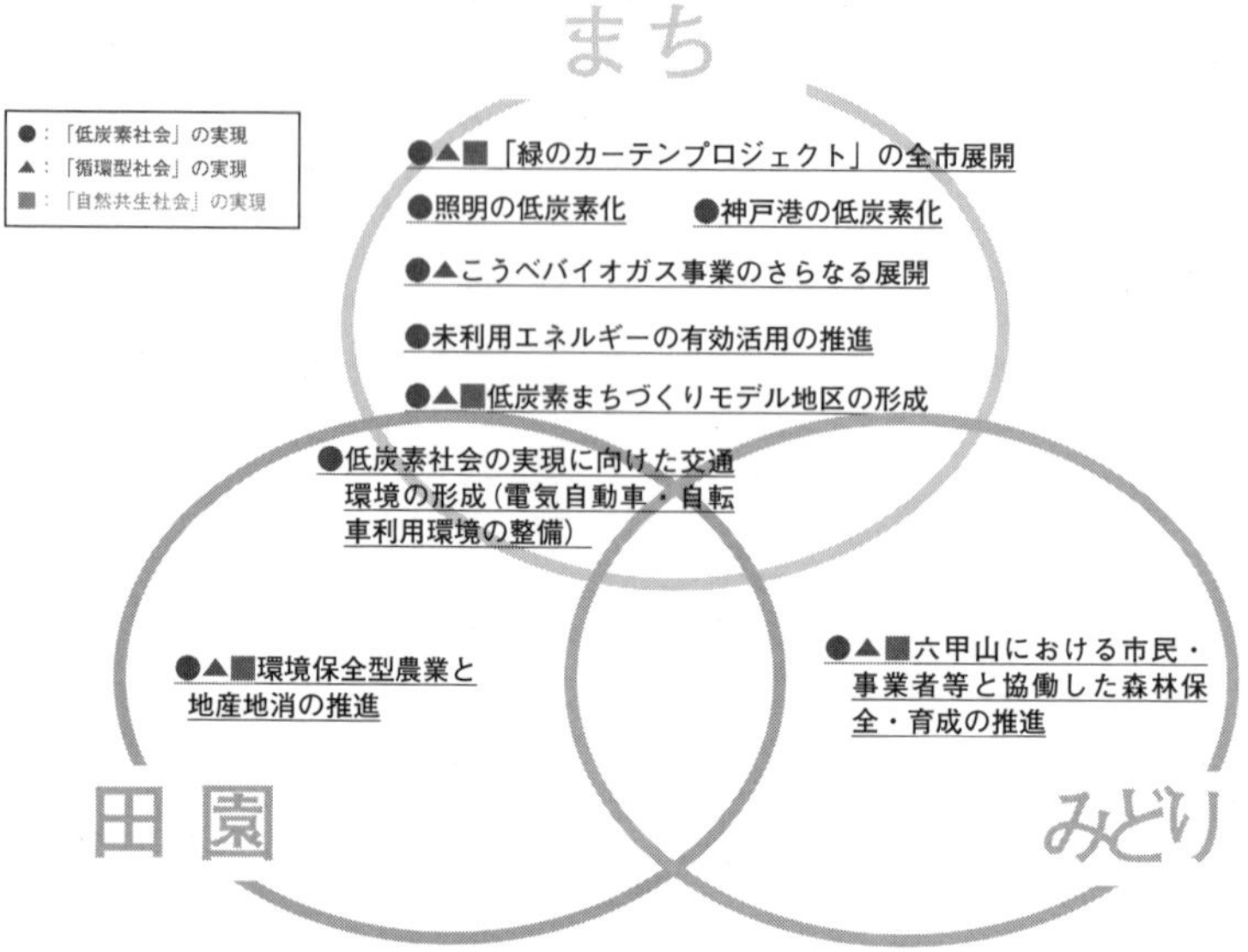

先導的な取り組みの地域特性による分類

先導的取り組み一覧

NO	取り組みの名称	実施期間
1	「緑のカーテンプロジェクト」の全市展開	短～中期
2	環境保全型農業と地産地消の推進	短～中期
3	照明の低炭素化	短～中期
4	低炭素社会の実現に向けた交通環境の形成（電気自動車・自転車利用環境の整備）	中～長期
5	六甲山における市民・事業者等と協働した森林保全・育成の推進	中～長期
6	神戸港の低炭素化	中～長期
7	こうべバイオガス事業のさらなる展開	中～長期
8	未利用エネルギーの有効活用の推進	長期
9	低炭素まちづくりモデル地区の形成	長期

図５・３　先導的な取り組みの例[2]

くり、室温を下げることによって省エネルギーを進める。

①低炭素社会との関係（省エネにつながる）

「緑のカーテン」により室温を2℃下げることが可能とされているため、エアコンの使用時間を減らすことや設定温度を上げることにつながる。例えば、約50㎡の部屋で3ヵ月（7～9月）エアコンの使用を減らすとCO_2排出量を40kg削減可能と見込まれている。

②循環型社会との関係（廃棄物の有効利用）

落ち葉や生ごみによりつくった堆肥を「緑のカーテン」の肥料として活用することで、ごみの減量・資源化の推進意識を高めることができる。

③自然共生社会との関係（緑のネットワークの形成）

「緑のカーテン」が、六甲山等の山、公園等を結ぶ緑のネットワークを形成する。また、デザイン都市神戸における緑のデザインとなる。

④環境教育や食育の推進との関係

児童、市民など幅広い主体が、植物の育成にたずさわるとともに、成育した果実を食材、タワシ等として利用することを通じて、自然の恵みに感謝し、環境を大切にする心の育成に役立つ。

⑤最近の動向

長田区では、デザイン都市神戸における「長田的うつくしさ」デザイン計画の取り組みの一つとして「ながた・緑のカーテン」プロジェクトが実施されている。

平成２１年度はモデル事業として、長田区役所、区内５小学校、１００世帯の住宅において、ゴーヤによる「緑のカーテン」づくりが行われた。収穫の頃には料理教室も開催された。

平成２２年度も引き続きモデル事業として実施される予定で、平成２３年度以降は、現在策定中の次期長田区計画に「緑のカーテン」の全区展開として位置づけられる予定である。

また、環境局では、平成２２年度に地球温暖化対策に係わる環境教育の推進等を目的とした「緑のカーテン啓発事業」を学校園や地域福祉センターなど市内１８４ヵ所で実施し、今後さらに取り組みを拡大することとしている。

(2)　環境保全型農業と地産地消の推進

大都市でありながら、田園地域と市街地が近接している地理的条件を活かし、新鮮で安全・安心な農作物を提供する生産機能を中心に、都市住民との交流活動を進めるものである。このような活動によって、農業、自然の豊かさを守り、育てるなど地域が主体の田園地域づくりを進める。

また、新鮮で安全・安心な農水産物の供給と都市近郊の立地を活かした多様な販売経路を活用し、地産地消を進める。

①環境保全型農業

有機・減農薬栽培を柱とした環境に配慮した農業により、安全・安心な農産物の生産と農村環境の保全を図る。

②地産地消

　環境保全型農業により生産された農産物を、市内で消費できるよう、都市と農村の交流、学校給食での利用拡大、販売路の拡大などにより地産地消に努める。このことによりフードマイレージの観点からCO_2排出量の削減を図る。

③3社会の実現

　環境保全型農業は、生物の生息・成育環境に配慮しており、自然共生社会に資するとともに、堆肥等の農地投入などの資源の循環利用により、循環型社会の構築を図ることができる。また、生産物を地産地消することがCO_2排出量削減につながり、低炭素社会に資することから、3社会の実現に向けた実践的な取り組みとなる。

④最近の動向

　産業振興局では、こうべ旬菜育成推進事業、こうべ版GAP（土づくりから出荷までの農業生産工程の管理）、農地・水・環境保全向上対策（減農薬等環境保全に配慮した営農活動に対する支援）などにより環境保全型農業を推進している。

　また、こうべ給食畑推進事業による学校給食での利用促進、地域農産物直販所における販売、都市住民との交流（農作業体験など）などにより、安全・安心な地元農産物を供給し、地産地消が推進されている。

（3）低炭素社会の実現に向けた交通環境の形成

六甲山系南側の既成市街地において、利便性の高い公共交通ネットワークの形成を進めるとともに、ウォーターフロントの東西を結ぶ新たな公共交通機関など、回遊を支援する環境にやさしい公共交通機関を導入するものである。同時に交通需要マネジメント施策の推進により、公共交通利用を促進し、都心への自動車の流入・通過を抑制する。都心とウォーターフロントにおいては、自転車の利用環境の整備を進める。

また、電動自転車や電気自動車が利用しやすい都市基盤（道路空間、急速充電器など）の形成を進める。

①低炭素社会との関係

　自動車に起因するCO_2排出量を少なくしていくため、歩いて暮らせるコンパクトな街づくりを目指す。

具体的には

・利便性の高い公共交通ネットワークの形成、

・神戸港のウォーターフロントの東西を結ぶ新たな公

共交通機関の導入、
・電気自動車が活用しやすいインフラの整備、
・自転車利用環境の整備などの施策を進める、
などである。

電気自動車については、市が率先してその導入を図るとともに、充電設備を面的に整備していくなど、電気自動車が利用しやすい環境づくりを推進する。

自転車利用については、駅前駐輪場と駅周辺の自転車走行環境を整備することにより、居住地から最寄り駅までの自転車の利便性の向上を図り、公共交通機関の利用を促進する。

②最近の動向

平成２０年度に公用車導入基準を改正し、今後導入する一般公用車はすべて「次世代自動車」とすることとして、電気自動車が平成２１年度に県下自治体で初めて１台導入された。また、平成２２年度より民間の「次世代自動車」に対する補助事業を拡充し、電気自動車を新たな助成対象とする。

さらに、平成２１年度より、地域グリーンニューディール基金を活用し、急速充電設備を市本庁舎、神戸環境未来館など１０ヵ所に順次設置し、これらに通信システムを導入することにより、今後、ネットワーク化を図っていくこととしている。

自転車については、環境局において平成２２年度に三宮など中心市街地のアクセス手段として、電動アシスト自転車をレンタサイクルに利用するコミュニティサイクル（乗り捨て型貸し自転車）の社会実験を実施し、今後、導入方策を検討していくこととしている。

建設局では、平成２２年度にみちづくりに関するマスタープランである「みちづくり計画」を策定し、その中で自転車走行環境の整備等について位置づけ、平成２３年度に「（仮称）自転車走行空間整備計画」を策定する予定である。整備すべき路線は、自転車の利用台数が多い鉄道駅周辺より選定される。

(4) 六甲山における市民・事業者等と協働した森林管理の推進

神戸のシンボルであり、都市の緑の骨格を形成する六甲山の森林を、地域・ＮＰＯ・事業者との協働によって、適切に保全・育成するものである。森林保全活動によって生物多様性を保全する総合的・計画的な取り組みも進める。

①低炭素社会との関係

六甲山は、現在、市有林である約２３００ｈａは市森林整備事務所、国有林である約１００ｈａは林野庁、グリーンベルトの約１０８０ｈａは国土交通省と県が管理し、約４０～５０団体が管理に参画している。しかし、その他の民有である約７５２０ｈａは十分な管理が実施されていない状況にある。

市民・企業と協働し、森林管理が適切に行われ、管理により発生した森林間伐材などを有効活用した場合には、CO_2削減効果が期待される。

②３社会実現との関係

森林管理は低炭素社会実現ばかりでなく、間伐材等の有効利用は循環型社会に貢献する。また、生物多様性の観点からは自然共生社会につながり、３社会の統合的な実現に向けた実践的取り組みとなる。

③多様な機能の保全

森林は土砂災害の発生防止、水源の涵養、ヒートアイランド現象の改善、都市景観の形成など様々な機能を持つことから、適切に管理していくことにより多様な役割を果たすことになる。

④最近の動向

六甲山において市民参加による「こうべの森づくり」（森の小学校、森の学校など）が進められており、「森の匠」において、間伐材を使ったログハウスづくりが進められ、平成１９年度に完成している。

(5) 神戸港の低炭素化

神戸港において、再生可能エネルギーの活用や、内航フェリーなどの活用によるトラック輸送から海上輸送へのさらなる転換を図るほか、停泊中の船舶への陸電供給など、環境負荷を低減する取り組みを推進するものである。

①低炭素社会との関係

陸上輸送から海上輸送への転換（モーダルシフト）、港湾活動に伴うCO_2排出量の削減（停泊中船舶への陸電供給など）によって低炭素社会づくりに貢献できる。また、臨海部空間におけるCO_2排出量の削減（港湾施設の屋根などにおける再生可能エネルギーの導入、港湾緑地の確保、藻場の保全・創造）等を推進することによって低炭素港・神戸を世界にアピールすることができる。

②最近の動向

神戸港が有する内航船、フェリーなどを活用し、モーダルシフトを実施する事業者に対し、必要経費の一部を補助している。また、中突堤中央ターミナルの遊覧船など（１９９８年設置）において陸電を導入している。

港湾緑地に関しては、メリケンパーク、ポートアイランド北・中・南公園、六甲アイランド北公園など多くの港湾緑地が整備されている。ポートアイランド２期西側護岸などにおいては、藻場の育成も進められている。

(6) 未利用エネルギーの有効活用の推進

地元企業の先進技術を積極的に活用し、未利用エネルギー（都市廃熱、回生エネルギー、位置エネルギーなど）を有効に活用する。

また、ＩＣＴ（情報通信技術）を活用し、未利用エネルギーなどの分散型電源や蓄電池などをネットワーク化し、効率的に運用するスマートグリッドにより、地域のエネルギーマネジメントを進めていく。

①低炭素社会との関係

これまで環境負荷となっていた都市廃熱をエネルギー源とすることや、未利用エネルギーなどを有効に活用し、化石燃料由来のエネルギーと代替することにより、環境負荷が低減されるとともに温室効果ガスの削減を図ることができる。

また、未利用エネルギーなどと蓄電池を組み合わせ、地域内のエネルギー消費側と供給側のエネルギー需給バランスをリアルタイムで制御し、ピーク電力を抑制することにより未利用エネルギーの効率的利用を図ることができる。

②最近の動向

神戸市では、平成２２年3月に総務省の「緑の分権改革」推進事業の採択を受け、先導的なクリーンエネルギー開発として、地域特性に応じた再生可能エネルギー開発や臨海都市部における合理的エネルギー利用（神戸スマートエネルギーネットワーク）について実証調査を行っている。

3　3社会が実現された神戸のまちの姿（イメージ）

「低炭素社会」、「循環型社会」、「自然共生社会」のそれぞれを目的とする対策が実施される結果、個別の目標の実現による効果が期待できる。

合わせて、3社会の統合的実現によってそれぞれの社会が影響し合って実現されるまちの姿には、以下のことが期待される[2]。

(1) 「低炭素社会」から「循環型社会」、「自然共生社会」へ

太陽光発電、こうべバイオガス等のバイオ燃料製造など、再生可能エネルギーの導入が進められることにより、資源枯渇が抑制されている（循環型社会の実現）。

また、各種対策の結果、気候変動が抑制され、六甲山のブナが順調に成長するなど、生物多様性が保全されている（自然共生社会の実現）。

(2) 「循環型社会」から「低炭素社会」、「自然共生社会」へ

3Rの優先順位に基づくごみに減量・資源化の取り組みや、廃棄物からのエネルギー回収が促進されることにより、製品等の製造からごみ処理に至るまでの全工程から発生する温室効果ガスが抑制されている（低炭素社会の実現）。

さらに、ごみ減量・資源化の促進により、新たに採取する資源が減り、資源採取による自然破壊や自然界における適正な物質循環の阻害が抑制され、生物多様性が保全されている（自然共生社会の実現）。

(3) 「自然共生社会」から「低炭素社会」、「循環型社会」へ

六甲山や帝釈山・丹生山などの保全・創造された緑地は、温室効果ガスの吸収源として大きな役割を担っている（低炭素社会の実現）。

また、六甲山や西区、北区の里山の適切な管理を行うことにより、原材料の持続的な供給・利用や、剪定枝等の堆肥化、チップ化等によるリユース、リサイクルの推進が進んでいる（循環型社会の実現）。

●（第5章）参考・引用文献

[1] Bundesregierung:〝Deutsche Anpassungsstrategie an den Klimawandel〟, Berlin (2008.12)

[2] 神戸市環境基本計画（案）、２０１０年１２月

——おわりに

市場原理という固定観念に強く縛られてきた経済社会では、それ以外の新しい発想やものの見方を拒んできた側面があります。

一方、「ものを生産し続けなければ成り立たない社会は持続可能ではあり得ない」ということも、そろそろ認めなければならない時期を迎えています。

本書では、そういった視点から、より高品質な、長持ちするものづくりに向かうためにヒントとなる視点を示してきました。また、時代の転換期に起こっている様々な新しい動きや問題点、方向性についても述べてきました。逆に、どのような変化に直面しようとも、自然を基盤としている限り人間活動において忘れてはならない基本を示し、それに対する両国の持っている潜在力や潜在的な価値観を掘り起こしてきました。

同時に、人間活動が自然の恩恵を受けながら自然を利用する、そのバランスをどうとるのかということも、今後、私たちが真剣に考えるべきもう一つの課題でもあります。

そのバランスのとり方は、自然の条件や価値観の異なる欧米とアジアでは違うのではないか――そうであるなら、欧米発の生物多様性の考え方にも、日本なりの解釈をしっかりと根づかせていくべき――このことも本書の中の重要なテーマとして取り上げてきました。

工業製品を中心とする「グローバル」な経済活動の流れの中で、アジアモンスーン地域にある日本で築かれてきた自然観に基づく考え方や暮らし方を見失うことは、国民性も失うことにもつながる

―日本人の立場からはそのあやうさも指摘しておきたかったからです。

緑豊かな自然を舞台として、植物の光合成に依存した生活の仕方を組み立て、水土を守ってきた日本。効率的な生産体制による大量消費製品ではなく、マイスター制度に象徴される高級品をつくり続けてきたドイツ。

柳宗悦氏が述べた（第４章で紹介）ように、伝統とは同じものが変わることなく連続していることではなく、超時間的に通用する優れた原理が形を変えながら存続してきたことを指しています。そういった意味では両国とも根底に優れた伝統を持った国だということになります。

そして、両国とも、戦後の急激な経済成長の過程においては、資源の大量消費、自然破壊、公害問題を経験してきました。しかし、国民の遺伝子を全く失ってしまうということはなく、ある意味で頑固に国柄を引きずりながら、新たな秩序、自然、環境を構築しようと模索し続けてきました。

他の文明を自分たちの背丈に合わせてコントロールしながら柔軟に受け入れてきた日本。この伝統的な方法は、今後、科学技術の方向を転換していく潜在力ともなっています。ものづくりの長く深い伝統を土台としながらも、大陸を越えた新たなエネルギーネットワークづくりに挑戦しているドイツは、世界に先駆けて新しい挑戦を続けています。

こうした取り組みを通じて、戦後、先進国を主導した社会通念であった民主主義と作業効率を、自然という大きな舞台の上でどのように転換していくのかを示すこと、そして、経済のみに依存しない豊かさの方向を示すこと、これが日本とドイツの共通の課題であり使命でもある―筆者らはそう期待しているのです。

――４冊目を終えるに当たって

筆者らは２０００年４月に、偶然にも神戸にある小さな大学で出会いました。ちょうど本年は１０年目にあたります。この間には継続的に執筆してきた連載をまとめて３冊の共著書を出版することができました。

３冊目を終えた段階で、フォイヤヘアト教授がドイツに帰られる可能性もあったことから、筆者らの共同執筆はそこで打ち切りになることも考えられました。幸いなことに、その後もフォイヤヘアト教授が客員教授として大学に残られることになり、４冊目である本書の出版にこぎつけることができました。

今から振り返ると、伝統的な国際交流の場、神戸に立地する大学で「環境文化学科」という新しい学科が設置されたことも、また、そこで日本人とドイツ人が出会ったことにも、時代の必然性があったのかもしれません。

この１０年の間には、環境政策の内容や目標は、国際レベル、国内レベルで劇的な変化がありました。筆者らはそうした変化を十分に認識していましたが、むしろ、変化というものにある程度の距離を置き、それらに本質的なところで巻き込まれない立ち位置を維持することに努めてきました。

特に、センセーショナルな情報がわき上がってきた時には、必ずその背景や、先進性にとらわれる中で見落とされている問題点に焦点を当てて考える― 筆者らは常にそういうことを基本姿勢としてきました。このことには、フォイヤヘアト教授の冷静な、ある意味で常に対象と距離を置いて現象を見るという科学者としての習慣が大きく影響していたと思います。

一方で中野が目指していたのは、常に日本人としての感性でテーマについて考えることでした。その時々のテーマに対し、一般的に報じられている情報等を自らの感性に照らしてみて、何が浸透するのか、何が異質なのか、ひっかかるとすれば何故なのか、フォイヤヘアト教授とは全く異なる周波数で共通のテーマに立ち向かう、そういった組み合わせをむしろ重視してきたと思います。

フォイヤヘアト教授との１０年は、中野の一生において最も実りある期間でした。

常に感じたことは、フォイヤヘアト教授が持っておられる知識、教養の深さでした。それぞれのテーマの中で焦点となっている内容ばかりでなく、歴史的な意味から検証してみる、物理学・化学の側面から光を当ててみる、場合によっては天文学の知識を使ってみる、地理的な条件から考えてみる、それらの総合的な観点から吟味して全体を視野に入れて判断する、そうした方法を学ばせていただいた１０年間でもありました。

また、各テーマに取り組むごとに、信頼できる報告書などを短時間のうちに選び出し、何が特徴であり、どんな考え方が新しいのかについて鋭い視点から説明して下さいました。それらの説明にも全く無駄がない、日頃のやりとりはそういった感嘆の繰り返しでもありました。

筆者らの置かれている状況を考えると、共著としては恐らくこれが最後の出版となります。

予想もしなかった出会いを契機に、たぐいまれなる組み合わせによって合計４冊の成果を世に送り出すことができました。この幸運に感謝しますとともに、１０年間にわたり日本人に様々な考え方や方向性を教えて下さったドイツ人であるフォイヤヘアト教授に心から感謝申し上げます。

昨年末に亡くなられた技報堂出版編集部の宮村様には、日本人とドイツ人による共著という新しい試みに、最初の出版から大変お世話になりました。小巻編集部長にはこれまでにも大変お世話になりましたことに加え、今回の出版に当たっては特に貴重なアドバイスをいただきました。お二人のおかげで何とかこれまでの出版にこぎつけましたことをここに記し、筆者ら両名から厚くお礼申し上げます。

また、第４章の写真撮影では、川西市民合唱団の野口信利さんに早朝よりご協力いただきました。ここに記して心からお礼申し上げます。

中野加都子

■著者プロフィール（2010年12月現在）

Karl-Heinz Feuerherd（カールハインツ・フォイヤヘアト）

1947年ドイツ連邦共和国生まれ。ハノーファー工科大学大学院理学研究科化学専攻博士課程修了理学博士。

ハノーファー工科大学助手を経て1977年ドイツの化学会社BASF入社、中央研究所に所属。1981年BASFジャパンに赴任し、研究開発企画室（東京）の責任者。6年後ドイツ本社のプラスチック研究所へ戻り、1990年にエコバランス・プロジェクトを担当、エコ効率分析およびエコバランス・グループの責任者。ISOやドイツ工業標準局（DIN）などの標準化委員として活躍。欧州プラスチック工業連合会LCA研究委員会会長。

現在、神戸山手大学現代社会学部環境文化学科客員教授。製品の環境負荷および金銭的な負担の分析方法を研究。グリーンケミストリー調査委員会委員、NEDO化学物質・プロセス技術審議会委員、神戸市環境保全審議会委員など多数。平成14年度「環境管理」優秀論文賞受賞。著書に「環境にやさしいのはだれ？—日本とドイツの比較—」「企業戦略と環境コミュニケーション—ドイツ企業の成功と失敗—」「先進国の環境ミッション—日本とドイツの使命—」（著作賞受賞）（いずれも技報堂出版、共著）

中野加都子（なかのかづこ）

大阪市立大学生活科学部卒業、関西大学工業技術研究所研究員を経て1997年工学博士（東京大学）。

現在、神戸山手大学現代社会学部環境文化学科教授。専門は環境計画、LCA、リサイクル。

21世紀地球賞（日本経済新聞社）、廃棄物学会論文賞、リサイクル技術開発本多賞、「環境管理」優秀論文賞（平成10年度、同14年度）など受賞。NEDO技術委員、環境省循環型社会形成推進研究事業審査委員会委員、食品リサイクル推進環境大臣賞審査委員会委員、兵庫県環境審議会委員、兵庫県科学技術会議委員、神戸市環境保全審議会委員、明石市環境審議会会長、大阪市・豊中市・伊丹市等環境審議会委員など多数。著書に「環境にやさしいライフスタイル」「環境にやさしいのはだれ？—日本とドイツの比較—」「企業戦略と環境コミュニケーション—ドイツ企業の成功と失敗—」「先進国の環境ミッション—日本とドイツの使命—」（著作賞受賞）（いずれも技報堂出版、共普）、「続・地球の限界」（日科技連）、「エコマテリアルのすべて」（日本実業出版社）など（いずれも共著）。

環境にやさしい国づくりとは？
―日本 そして ドイツ―

定価はカバーに表示してあります.

2011年3月25日　1版1刷発行

ISBN978-4-7655-3447-5 C0030

著　者　Karl-Heinz Feuerherd
中　野　加　都　子

発行者　長　滋　彦

発行所　技報堂出版株式会社
東京都千代田区神田神保町 1-2-5
〒 101-0051
電　話　営業 (03) (5217) 0885
編集 (03) (5217) 0881
FAX (03) (5217) 0886
振替口座 00140-4-10
http://gihodobooks.jp/

日本書籍出版協会会員
自然科学書協会会員
工学書協会会員
土木・建築書協会会員

Printed in Japan

装幀　浜田晃一　　印刷・製本　シナノ

＝ **好評発売中！** ═══ **K.H.フォイヤヘアト／中野加都子／共著** ＝

定価は2011年3月現在のものです。

環境にやさしいのはだれ？－日本とドイツの比較

A5判・242頁　2005年12月刊　定価2,940円(税込)　ISBN：4-7655-3410-3

日本とドイツの環境対応を比較。両国の地象・気象の違い、歴史的な生活スタイルの違いが環境活動にどう現れるかを幅広く分析。環境問題に関わる自覚と循環型社会実現への方向性を説く。

《目次》1章　自然とのつき合い(日本人のつぶやき／日本の自然への考え方／ドイツの自然への考え方／「風土－人間学的考察」から見た日本とドイツ／森林とのつき合い／環境意識の違い)　**2章　暮らし**(日々の過ごし方と価値観／家計費－もったいないの概念／ものの使い方／休暇／自動車利用／効率／水の使い方／食生活／公園)　**3章　環境への取り組み**(循環型社会への変遷／ペットボトルリユース／レジ袋／再生可能エネルギーの利用／環境税／NGOとNPO)　**4章　豊かさと環境**(化学物質管理／バーチャルな豊かさ／日本人のつぶやき)

企業戦略と環境コミュニケーション－ドイツ企業の成功と失敗

A5判・230頁　2006年12月刊　定価2,940円(税込)　ISBN：4-7655-3415-4

企業が社会的責任を果たすことは、環境と社会に配慮することであり、それは企業の権利も拡大することにもつながる。ドイツ産業界の成功と失敗の具体例から社会・環境配慮型企業へと変身するための考え方と方向性を説く

《目次》1章　企業と社会の新しいコミュニケーション(必要性／問題点／情報提供の方法／環境配慮型製品を伝えるラベルの方向／環境管理の手法)　**2章　安全・安心社会構築に向けた企業と消費者**(EU型安全・安心社会構築への試み／危機広報のあり方／安全・安心社会構築に求められる企業の役割)　**3章　消費者と企業の新しい関係**(NGOスタイルの企業間ネットワークづくり／企業の新しい組織づくり／環境配慮投資への支援／ユーザーの工夫を促す自動車業界の取り組み)　**4章　地球温暖化防止に向けた経済的手法への議論**(EU型排出券取引制度／制度導入へのNGOの意見／空理空論とする数学者の意見)　**5章　持続可能性を目指す市場の変化への対応**(環境配慮型社会への転換／エネルギー供給サービスの具体例／戦略と意見／政治的実行性に結びつけるための課題)

先進国の環境ミッション－日本とドイツの使命

A5判・240頁　2008年5月刊　定価3,150円(税込)　ISBN：978-4-7655-3430-7

国と地域は個々の自然と民俗・文化を持ち、環境への対処も違う。現代社会生活(地形・文化・経済等)をつぶさに分析し、ローカルスタンダードな持続可能性のある対策を実行し、グローバルな指標への展開を図ることを説く。

《目次》1章　地球温暖化対策をリードするドイツ(ドイツの目標／ドイツの州制度)　**2章　グローバルスタンダードとローカルスタンダード**(グローバルスタンダードとしてのサステナビリティ／日本人から見たローカルスタンダード／母語と風土／地方自治のグローバルスタンダード化の問題点／ドイツ人から見たローカルスタンダード／)　**3章　アジアの中の先進国「日本」**(ドイツの自然観／日本が示す持続可能性の軸の必要性／左脳で考えるドイツ人、右脳で考える日本人／日本人の没個性力による自然との共存／日本型の自然との調和／翻訳と環境対策直輸入の問題)　**4章　質量の移動から見た経済学**(質量移動と環境負荷／環境負荷の考え方／豊かさの実現)　**5章　これからの方向**(10年前との比較－ドイツ、日本／今後の方向)

─── **◇技報堂出版営業部**　TEL03-5217-0885　http://gihodobooks.jp ───